特种养殖致富快车

U0203616

图说蝎子高产高效养殖关键技术

（第3版）

李全立　李少函　编著

河南科学技术出版社
· 郑州 ·

图书在版编目（CIP）数据

图说蝎子高产高效养殖关键技术 / 李全立，李少函编著. —3版. —郑州：河南科学技术出版社，2019.3（2022.8重印）

（特种养殖致富快车）

ISBN 978-7-5349-9451-7

Ⅰ. ①图⋯　Ⅱ. ①李⋯　②李⋯　Ⅲ. ①全蝎—饲养管理—图解　Ⅳ. ①S865.4-64

中国版本图书馆CIP数据核字（2019）第038137号

出版发行：河南科学技术出版社

　　　　地址：郑州市郑东新区祥盛街27号　　邮编：450016

　　　　电话：（0371）65737028　65788613

　　　　网址：www.hnstp.cn

策划编辑：陈淑芹　陈　艳　编辑信箱：hnstpnys@126.com

责任编辑：田　伟　李义坤

责任校对：王晓红

装帧设计：张德琛　杨红科

责任印制：张艳芳

印　　刷：河南瑞之光印刷股份有限公司

经　　销：全国新华书店

开　　本：890 mm×1 240 mm　1/32　印张：4.25　字数：122千字

版　　次：2019年3月第3版　　2022年8月第17次印刷

定　　价：19.80元

作者简介

李全立

河南登封立诚蝎子养殖场负责人，满汉全蝎宴创始人，仿生态大田养蝎技术专利发明人，从事蝎子养殖行业30余年，在蝎子养殖技术、产品加工、蝎毒素提取等相关领域拥有丰富的实战经验。

微信扫一扫

李少函

中国蝎子产业网 www.xiezi360.com 运营总监，蝎子产业联盟发起人，野生蝎子资源保护志愿者。一直致力于打造专业的蝎子产业线上O2O服务平台和蝎子网上交易市场。

微信扫一扫

主　　编：李全立　李少函

编委会成员：李伟锋　袁毫兵　李少辉　汤新新

序

地球上最早的蝎子存在于约四亿年前。在我国，蝎子有1 000多年的药用史，是我国传统医药中常用的动物药材之一。

随着我国经济的不断发展，人们健康意识的不断提高，对野生蝎子的需求不断增加，野生蝎子的市场价格不断上涨，导致了道地药材东亚钳蝎野生资源越来越少。如何实现我国道地蝎药材野生东亚钳蝎的科学保护与可持续利用已成为一个迫切需要解决的问题。

蝎子的人工养殖是保护野生东亚钳蝎，解决蝎子资源市场需求的一个重要途径。《图说蝎子高产高效养殖关键技术》（第3版）一书基于编者的宝贵养殖经验，采用图文并茂的方式重点介绍了蝎子的养殖方式、注意事项、病害防治等内容。本书条理清晰、内容丰富、富有参考价值。

值得注意的是，蝎子养殖在我国已约有30年的发展历程，但整个行业发展缓慢，亟待养蝎技术的创新与突破，从而大规模地推广蝎子养殖。大部分养殖户普遍对蝎子养殖缺乏系统的认识，不具备成熟的养殖技术。希望本书的出版，能对蝎子养殖户、养殖场有所帮助。希望通过各界人士的努力，使我国的养蝎行业有一个光明的未来。

武汉大学生命科学学院教授　吴英亮

2019 年 3 月

前 言

　　蝎子属于节肢动物门，蛛形纲，有 4 亿多年的进化史，是地球上最古老的陆生动物之一，早在古生代志留纪的底层中就发现了蝎子化石。在长期的生存进化过程中，蝎子仍然保持了古生代远祖的形态结构和体貌特征，因此蝎子被视为"活化石"。

　　蝎子是重要的资源动物之一，中药上称之为全蝎。蝎子药用在我国有悠久的历史，早在 2000 多年前，我国对蝎子的研究就有明确的记述，尤其是蝎子在医药功能方面的记载较为系统。例如，秦汉时期的《神农本草经》、明代的《本草纲目》和清代的《本草正义》等都对蝎子作为药材和治疗疾病有详细的描述。《本草纲目》中明确指出"有用尾者，谓之蝎梢，其力尤紧"。到目前为止，蝎子作为药材在我国中医药、民族医药和民间医药中仍然被广泛应用。

　　几千年来蝎子作为资源药材为中华民族的健康和繁衍做出了重要的贡献。据不完全统计，仅以蝎子为重要原材料的中成药就有数十种之多，而以蝎子配伍的中药方剂可达数百种。现代科学研究表明，蝎毒素不仅能通络止痛，而且在抑制癌细胞方面也有一定作用，因而蝎毒素价格大增，有"液体黄金"之称。

　　随着我国人民生活水平的不断提高，人们对"药食同源"理念的认识逐步加深，蝎子因其具备良好的药用价值和食用价值，频频出现在人们的餐桌上，其价值也不断地得到深入的开发和利用，蝎子的市场需求量也逐年增加。但是，由于自然生态环境遭到人为因素的破坏以及农药、化肥的大量使用，加上人们对野生蝎子无节制的大量捕捉，使得野生蝎子数量急剧减少。一边是需求多样化增长，另一边是供给资源的不断减少，导致供需矛盾日益加剧、价格不断上扬。因此人工养蝎势在必行。近年来，由于蝎子养殖具有广阔的发展前景，全国各地出现了养蝎热潮。

在蝎子人工养殖的过程中，一些养殖场（户）由于未能全面、系统、客观、深入地了解蝎子的生物学特性和养蝎技术要点，加之开发利用技术落后，导致养蝎效益不高甚至亏损，为此，编者受河南科学技术出版社之邀，结合自己30余年的养蝎经历并总结各地养蝎场的失败教训，编写了本书。全书采用全彩色印刷，图文并茂、深入浅出、通俗易懂，适合广大养蝎户、养蝎场的饲养管理人员、基层农业科技人员以及中药材经营管理人员参考，也可供农业院校师生学习参考，还可以作为蝎子养殖技术人员的培训教材。

人工养蝎是一项技术含量较高的特种养殖项目，不仅适合小规模家庭养殖，也适合工厂化规模化产业化养殖。初养者一定要先对市场有所了解，然后到经验丰富的养蝎场实地考察学习养殖技术，待技术完全掌握后再进行养殖，以降低养殖失败风险。务必遵循"三分技术，七分管理"的特种养殖规律，只有通过科学严格的管理，才能实现养蝎致富的目标。

本书在编写过程中得到许多同仁的关心与支持，并且在书中引用了一些专家学者的研究成果和相关书刊资料，在此一并表示感谢。由于时间紧迫，编写经验不足，虽经多次修改与校正，也难免有错误与不当之处，恳请专家同行与广大读者批评指正，以便再版时予以更正。

编著者

2019 年 3 月

养蝎"四季歌"

养蝎子，真正好，投资少，收益高。

饲料广，容易找，少用粮，虫最好。

蝎子胆，小又小，喜安静，怕惊扰。

喜夜食，食量小，一只虫，能吃饱。

池潮湿，蝎活跃，常干燥，不得了。

蝎窝内，勤清查，喂与管，要周到。

产配期，七八月，喂精料，调剂好。

怀孕期，莫惊扰，防霉污，防胎掉。

混一龄，分二龄，三龄蝎，多关照。

冬春冷，需保温，防冻害，防鼠咬。

夏至后，莫迟延，早投种，最重要。

秋季到，快育肥，搞扩建，备饲料。

科学养，效果好，为四化，立功劳。

目录

一、概论 1
（一）蝎子的种类及分布 1
（二）蝎子的用途 2
（三）人工养蝎的前景 5

二、蝎子的生物学特性 7
（一）外部形态和内部构造 7
（二）生活史 14
（三）生活习性 17

三、蝎场规划 23
（一）场址选择 23
（二）蝎场布局 23
（三）蝎房的类型与建造要求 24

四、种蝎 28
（一）种蝎的来源 28
（二）蝎子的提纯复壮 32
（三）蝎子的繁殖特性 32

五、调控蝎子生长期的技术措施 34
（一）缩短生长期可大幅度提高蝎子的产量 36
（二）影响蝎子生长发育的因素 36
（三）缩短蝎子生长期的技术措施 41
（四）不同生理状态下蝎子的饲养管理要点 46

六、蝎子生产的经营管理 ···················· 56
　（一）蝎子生产的经营管理及其重要性 ········· 56
　（二）项目规划 ························· 57
　（三）员工管理 ························· 60
　（四）资金规划 ························· 61

七、仿生态大田养蝎技术 ···················· 62
　（一）场地规划 ························· 62
　（二）引种时间 ························· 65
　（三）蝎子在一年中的生活方式 ············· 65
　（四）蝎子的四季管理 ··················· 66

八、恒温单脱养蝎新技术 ···················· 70
　（一）恒温单脱养蝎新技术介绍 ············· 70
　（二）养殖设施 ························· 71
　（三）饲养管理 ························· 73

九、人工养蝎子常见的问题 ·················· 98
　（一）饲料虫品种单一 ··················· 98
　（一）生态环境不适宜 ··················· 99
　（三）缺少防御天敌侵袭的有效措施 ·········· 100
　（四）缺乏防治疾病的知识和手段 ············ 100

十、蝎子的病害、敌害及防治 ················ 101
　（一）蝎子的病害及防治 ················· 101
　（二）蝎子的天敌及防御 ················· 106

十一、蝎毒素·································· 108

（一）蝎毒素的提取和加工················ 108

（二）人工养蝎日常防护与蜇伤处理··········· 109

十二、蝎子的加工 ························ 112

（一）药用成品蝎子的加工················ 112

（二）蝎子食用品的加工················· 114

十三、蝎子产品及其销售················· 115

（一）商品蝎子的采收·················· 115

（二）蝎子产品的种类·················· 116

（三）蝎子产品的销售·················· 118

附录一　全蝎商品规格等级·············· 120

附录二　信息服务平台················· 125

一、 概论

（一）蝎子的种类及分布

蝎子在中药学上称为全蝎或全虫，由于其后腹部的形状和问荆的茎相似，故又称为问荆蝎。

蝎子是已知最古老的陆生节肢动物之一，其化石（图1.1）记录可追溯到4.18亿年前的古生代志留纪。它属于节肢动物门，蛛形纲，蝎目（图1.2），全世界超过2 000种。蝎子性喜温热，分布在除寒带以外的大部分地区。我国有记录的蝎子有54种，如东全蝎、斑蝎、藏蝎、会全蝎、黄尾蝎、辽克尔蝎等。东全蝎主要分布于山东、河北；斑蝎主要分布于台湾；藏蝎分布于西藏和四川西部；会全蝎分布于河南、陕西和湖北西北部；黄尾蝎主要分布于山西、宁夏、甘肃东部等地；辽克尔蝎分布于辽宁南部。东亚钳蝎学名马氏正钳蝎（东全蝎、会全蝎、黄尾蝎和辽克尔蝎均属于东亚钳蝎），在我国分布最广，主要分

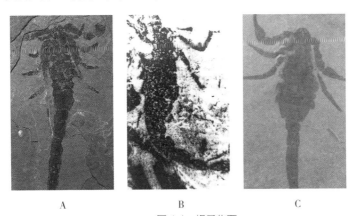

A   B   C

图 1.1　蝎子化石

A. 在加拿大安大略省发现的蝎子化石　B. 在中国湖北省武汉市汉阳区
发现的蝎子化石　C. 在美国纽约州发现的蝎子化石

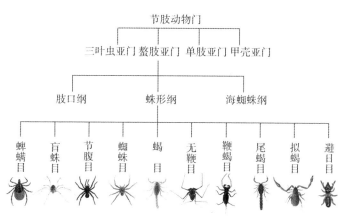

图1.2　蝎子的分类学地位

布于华北、华中等地区，以河南、河北、山东、山西等省最多，辽宁、宁夏等地也有分布（表1.1）。本书介绍的均为东亚钳蝎。

表1.1　东亚钳蝎的品种分化

序号	名称	分布	形态	生物学
1	东全蝎	山东、河北	体深褐色略呈黑色，体型较长	喜微酸性土壤，喜食昆虫类等小动物，繁殖能力较强
2	会全蝎	河南、陕西和湖北西北部	体深褐色，体型略短	喜微碱性土壤，除昆虫类等小动物外，还能取食一些植物性食料
3	黄尾蝎	山西、宁夏、甘肃东部等地	体浅褐色略带黄色，体型偏小	适应性较强
4	辽克尔蝎	辽宁南部	体型肥大	抗逆能力强

（二）蝎子的用途

1.药用　蝎子是我国传统的名贵中药材。我国对蝎子的认识与应用有着悠久的历史。据《诗经》等记载，我国人民早在2 000多年前就认识到蝎子可用作人类防治疾病的药物。宋代《开宝本草》始用"蝎子"的名称，明代《本草纲目》将其列在"虫部"之中，对蝎子的形态、用途、炮制方法及蜇伤防治等，均做了详尽的阐述。

全蝎入药有熄风止痉、通经活络、消肿止痛、攻毒散结等功效，可用于治疗癫痫抽搐、风湿顽痹、半身不遂、中风、瘰疬、破伤风、疮疡等症。目前，以全蝎配伍的汤剂达百余种，用全蝎配成的中成药有60多种，如《中华人民共和国药典》（2005年版）中的成方制剂"牵正散""再造丸""大活络丹""中风回春丸"等均以全蝎为主要原料。日本、新加坡等国家的药用全蝎主要从我国进口。

现代科学研究证实，全蝎的主要药效在于蝎毒素。蝎毒素含有卵磷脂、三甲胺、甜菜碱、牛磺酸、软脂酸、硬脂酸、脂甾醇及铵盐等,其主要的有毒成分为神经毒素、出血毒素、凝血毒素及某些酶，此外还有一些导致血管收缩、血糖升高等的特殊物质。利用动物实验，人们对蝎毒素有了深入的研究，发现蝎毒素有一定的抗惊厥作用，但其毒性比蜈蚣弱。用全蝎制剂给动物灌胃、肌内注射或静脉注射，均能起到显著的、持久的降压作用。在清醒的动物身上使用全蝎制剂，可见显著的镇静作用，但并不使动物入睡。近年来有关研究又表明，蝎毒素的有效成分，对癫痫和三叉神经痛的治疗有特效。目前在国际上，蝎毒素已临床应用于治疗神经系统疾病、心血管系统疾病、恶性肿瘤及艾滋病等。

蝎毒素除了在医学上的应用外，还在神经分子学、分子免疫学、分子进化、蛋白质的结构和功能等生命科学研究领域里有着广阔的应用前景。另外，在农业生产中，蝎毒素还可以用于制造绿色农药等。

2.食用 蝎子不仅可以药用，还可以作为滋补品食用，以蝎子为原料的菜品爆炒全蝎、蝎子爬雪山、冬虫草炖蝎子、灵芝蝎子炖花胶等（图1.3）。这些菜品不仅营养价值高，而且还可作为药膳，具有良好的滋补和保健作用。目前，食用蝎子正在逐渐兴起，很多菜肴已成为高档宾馆、酒店必备，深受中外宾客的青睐。

3.开发加工利用

（1）保健品开发：随着人们生活水平的提高和对蝎子研究的日渐深入，以蝎子为主要原料的保健品被开发生产出来，如"满汉全蝎宴""蝎精多肽口服液""烘焙全蝎食品""全蝎酒"等（图1.4）。

爆炒全蝎　　　　　　　　　　蝎子爬雪山

冬虫草炖蝎子　　　　　　　　灵芝蝎子炖花胶

图1.3　蝎子美食

满汉全蝎宴　　　　　蝎子保健酒　　　　烘焙全蝎食品

图1.4　蝎子保健品

（2）制作工艺品：用蝎子制成的工艺品生动、新颖、奇特，颇受现代青年人的喜爱，如蝎子摆件、蝎子琥珀挂件等（图1.5）。在美国有人将这些工艺品作为圣诞礼品馈赠亲朋好友。

图1.5　蝎子工艺品

（三）人工养蝎的前景

有关资料表明，现有蝎子资源的市场供应量仅能达到需求量的30%左右，供需矛盾非常突出。面对这个突出的供需矛盾，一方面需要通过加强保护野生蝎子资源（繁殖季节禁止捕捉野生蝎

图1.6　蝎子野生资源匮乏现状

子资源的新闻时有报道），另一方面需大力发展人工养蝎（图1.6）。

人工养蝎具有许多便利条件。主要有以下几点：第一，投资可大可小；第二，占地面积小，劳动强度小，城乡男女均可从事养殖；第三，蝎子排粪量小，无臭味，不污染环境；第四，蝎子生命力强，对环境适应能力强，抗病力强，很少遭受病害；第五，淘汰下来的蝎子仍可入药，不影响利用价值；第六，蝎子繁殖速度快，产仔率高。

人工养蝎是国家"星火计划"的重点推广项目之一，国家规定长期免征税收。人工养蝎的技术，一般人通过短期学习很快就能掌握，不用担心蝎子销路，所以养蝎是比较理想的家庭副业。因此，人工养蝎已在全国不少省市得到迅猛的发展，成为一条占地小、投资省、用工少、收入可观的新兴致富门路。

人工新法养蝎经济效益分析：采用人工新法养殖一只雌蝎一年产2胎，每胎20～40条（平均30条）。按雄性和雌性1∶3的比例搭配，引种2 000条，一般8~10平方米的蝎房即可满足要求，年产仔90 000条，按成活率65%计算，出生后仔蝎饲养8～12个月后即可得商品活蝎58.5千克（按每1 000条为1千克计），按一般市场回收价格每千克1 000元计算，可收入58 500元。扣除种苗、建池、人工等费用共计9 000元，获纯利49 500元。如果作为种蝎或提取蝎毒素出售（500只活蝎可提取1克蝎毒素，一只健康蝎年提取12次），其收入更加可观。

人工养蝎不仅可以保障人民群众医疗用药的需求，还能使这一古老的物种得以延续，避免有4亿多年历史的蝎子灭绝。同时，蝎子市场缺口大、销路畅通、供不应求、价格呈稳中上涨趋势，因而人工养蝎

是一项理想的家庭副业，可创造相当可观的经济效益。

今后，随着研究的深入、技术的日趋成熟和蝎子产品的综合开发利用，人工养蝎必将造福于社会、造福于人类，成为农民创富增收的一个黄金产业。

二、 蝎子的生物学特性

（一）外部形态和内部构造

1. 外部形态 东亚钳蝎的成蝎一般体长 4 ～ 6 厘米，全体 13 节（一说 18 节，头胸部为 6 节合成），背面紫褐色，腹面淡黄色，全身表面有层几丁质化的硬皮。动物学上，把蝎子的身体分为头胸部、前腹部和后腹部三部分（图 2.1）。

（1）头胸部：头胸部又称前体，较短。头与胸愈合，前窄后宽呈梯形，背面有坚硬的背甲，密布颗粒状突起。近中央处的眼丘上有 1 对中眼，前侧角各有 3 个侧眼排成一斜列（图 2.2）。中眼和侧眼皆为单眼，视力很差，只能感光而不能成像。蝎子

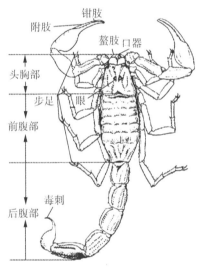

图 2.1 身体结构

A   B

图 2.2 眼睛
A. 中眼 B. 侧眼

的头胸部由6节组成，故有6对附肢（1对螯肢、1对触肢、4对步足）。螯肢（图2.3）亦称口钳，位于头胸部最前方，由3节组成，可动指内有锯齿状突起，有捕食和助食作用，可将捕获物撕裂、捣碎。触肢（图2.4）又称钳肢、脚须，由6节组成，分别为基节、转节、腿节、

 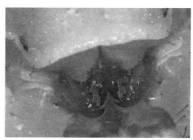

图2.3　螯肢

图2.4　触肢

胫节、掌节（有一不动指和可动指做捕取食物和感触之用）。4对步足生于两侧（图2.5），内连神经与肌肉，为行动器官。步足由7节组成，分别为基节、转节、腿节、膝节、胫节、跗节和前跗节，末端有爪（图2.6）。步足后1对均比前1对长，即第1对最短，第4对最长。步足的

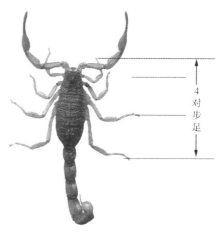

图2.5　4对步足

图2.6　末端爪

基节相互密接，形成了头胸部的大部分腹壁。第1～2对步足的基节和螯肢及触肢的基节包围成口前腔，口位于口前腔底部。第3～4对步足的基节间有一略呈五角形的胸板。

（2）前腹部：前腹部又称中体，较宽，由7节组成（图2.7）。背板中部有3条纵脊。第1节腹侧有2片半圆形的生殖厣（生殖腔盖），下面为生殖孔。第2节腹面两侧各具一栉状器，为短耙状，呈"八"字形排列，上有丰富的末梢神经，是重要的感觉器官。栉状器

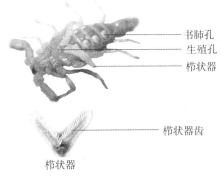

图2.7　前腹部

有齿，一般为19个或21个（雌性为19个，雄性为21个）。第3～7体节腹板较大，在两侧由侧膜与背板相连。侧膜有伸缩性，因而腹部可舒张或缩小。第3～6节腹面的左右各有1个圆形书肺孔，分别与相应的书肺相通，是外界与体内气体交换的通道，有呼吸作用。第7节呈梯形，前宽后窄，连接后腹部。

头胸部和前腹部较宽，合称躯干。

（3）后腹部：后腹部又称末体或尾部（图2.8）。后腹部细长如尾状，橙黄色，由5节组成，能向上或左右蜷曲，但不能向下弯曲。各节背面有中沟，背面至腹面还有多条齿脊。第5节最长，深褐色，其腹面后缘节间膜上有一开口，为肛门。第5节后为一袋状的尾节，内有1对白色的毒腺。尾节最后方为一尖锐毒针，毒针近末端靠近上部两侧各有1个针眼状开口，与毒腺管相通，能释放毒液。蜇刺可以

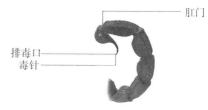

图2.8 后腹部

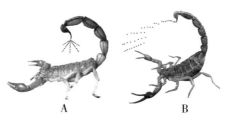

图2.9 自洁与攻击
A.自洁 B.攻击

用来攻击天敌和捕获猎物，也是蝎子用来自卫的武器。研究表明，蝎毒素还有自洁消毒功能，在蝎子种族繁衍抵抗疾病中起到重要的作用（图2.9）。

2.性别鉴别 蝎子雌雄异体，成蝎的两性差别较为明显（图2.10），主要表现在以下几个方面。

（1）体长、体宽不同：雄蝎体长4~4.5厘米，体宽0.7~1厘米，雌蝎体长5~6厘米，体宽1~1.5厘米。

（2）触肢的钳不同：雄蝎触肢的钳比较粗短，而雌蝎的则比较细长。

（3）触肢可动指的长度与掌节宽度的

图2.10 性别鉴别
A.雄性 B.雌性

比例不同：雄蝎为2：1，雌蝎为2.5：1。

（4）触肢可动指基部不同：雄蝎该部位的内缘有明显隆起，雌蝎无明显隆起。

（5）躯干宽度与后腹部宽度的比例不同：雄蝎上述之比不到2：1，雌蝎的则超过2.5：1。

（6）胸板下边的宽度不同：雄蝎的胸板下边较窄，雌蝎的则比较宽。

（7）生殖厣软硬程度不同：雄蝎的较硬，雌蝎的则比较软。

（8）栉状器的齿数不同：雄蝎一般为21个，雌蝎则为19个。

3.内部构造　蝎子各体节由背板和腹板组成，各节有节间膜相连，能自由伸缩。体腔内有消化系统、呼吸系统、循环系统、排泄系统、神经系统、感觉器官、生殖系统和内分泌腺，各有其不同的生理功能（图2.11）。

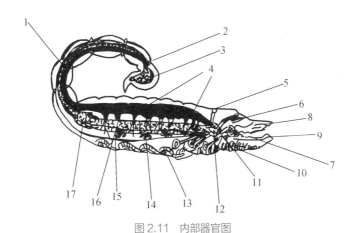

图2.11　内部器官图

1.后肠　2.肛门　3.毒腺　4.心孔　5.中眼　6.侧眼　7.口　8.螯肢
9.触肢　10.步足　11.咽下神经节　12.唾液腺　13.书肺　14.盲囊
15.腹神经索　16.中肠　17.马氏管

（1）消化系统：蝎子的消化系统主要由消化管和唾液腺组成。消化管分前肠、中肠和后肠三部分。食道下方有团葡萄状的唾液腺，蝎子进食时，唾液腺能分泌消化酶，并将其吐出体外，在体外将食物消化成肉糊状，而后吮吸入前肠。中肠位于前腹部中央，肠壁的上皮细胞可分泌消化液，促进食物分解。中肠是蝎子消化食物和吸收营养的主要器官。后肠位于后腹部中央，是食物残渣排出体外的通道。

蝎子前腹壁内侧，有一串褐色葡萄状腺体，这是贮存营养的盲囊。盲囊的大小不固定，它与发育程度有关：蜕皮前蝎子肥胖时，盲囊则肥大；蜕皮后由于营养转化，盲囊则瘦小得多；孕蝎在卵子发育阶段，盲囊占去绝大部分空间，而临产前则收缩至很小。

（2）呼吸系统：蝎子的呼吸主要靠书肺进行（图2.12）。书肺位于第3~6腹节的书肺孔下面，每节1对，共4对书肺。书肺具有一个坚韧的囊，它是由腹侧壁内陷形成的。书肺孔是蝎体与体外进行气体交换的通道。由于肌肉的舒张和收缩，书肺吸入外界新鲜空气中的氧气，通过书肺中的微血管进入心脏，供应全身，同时排出二氧化碳。

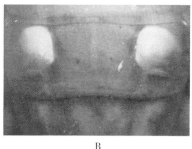

A   B

图2.12　呼吸系统
A. 书肺　B. 气孔

（3）循环系统：蝎子的循环系统为开管式，由心脏和血管组成。在蝎子的前腹部，可见到蝎子的背板下面有1条乳白色管子并有规律地搏动，这就是蝎子的心脏。蝎子的心脏呈管状，共分8室，每室有1对心孔，前后各有大动脉分支。血液无色，在体腔内流动，由于心脏的不断跳动和前腹部的胀缩，血液循环不止。血液在输送氧气的同时，把各种养料输送到体内各组织器官，新陈代谢产物由马氏管（排泄器官）排出体外。血液还传送各种酶，这对蝎子的机体起调节作用。

（4）排泄系统：蝎子的排泄系统由2对马氏管和肛门组成。马氏管细长，壁薄质脆，开口于中肠和后肠的连接处，其游离端部闭合，处在血液环境中，可从血液中吸收各种代谢产物，然后送入后肠，混入粪便，经肛门排出体外。

（5）神经系统：蝎子的神经系统主要由脑神经节、咽下神经节和腹神经索组成。脑神经节又称咽上神经节，不发达，呈双叶形，位于食管的背面，分支到触肢和步足。咽下神经节由1对粗而短的围咽神经与脑神经节相连。腹神经索呈索状，是由咽下神经节向后伸出的纵神经，具有7个腹神经节。交感神经中心和脑紧密相连，包括1个咽前神经和到达肠部的2对后神经。从中枢神经还分支出许多分支神经，分别到达眼、栉状器、附肢和生殖厣等处，纵贯全身，支配蝎子的运动、捕食、交配、产仔、蜕皮、排泄等活动。内脏神经则支配内脏的各种功能。

（6）感觉器官：蝎子的感觉器官包括眼、触毛、栉齿突。蝎子有1对中眼和3对侧眼，但视觉迟钝、畏光，基本上没有搜寻、跟踪、追捕及远距离发现目标的能力，但能在黑夜中行走和捕食。蝎子全身表面遍布触毛，以附肢表面最多。腹部各体节相接处的凹陷裂缝上都盖有一层薄膜，其表皮下有感觉细胞和毛状突起，这些都是灵敏的感觉器（图2.13）。因此，蝎子对噪声、振动都有感觉。蝎子的栉状器有丰富的末梢神经，有触觉、识别异性和维持身体平衡的功能。

A   B

图2.13　感觉器
A. 触毛　B. 栉齿突

　　（7）生殖系统：生殖系统的四周皆被消化系统的盲囊所包围。生殖器官的开口（生殖孔）位于前腹部第1节的腹面，外有生殖厣覆盖（图2.14）。

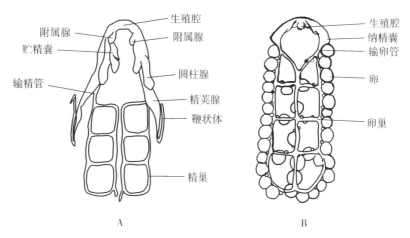

图2.14　生殖器
A.雄蝎的生殖器官　B.雌蝎的生殖器官

　　雄蝎生殖系统位于前肠中部和肠腺之间，有精巢1对，呈梯形管状。精巢各连一细长的输精管，输精管的末端通入膨大的贮精囊，再通入生殖腔。贮精囊能分泌黏液，黏液把精液包起来，形成一个略呈棒状、长约1厘米的精荚。

　　雌蝎生殖系统位于前肠腺体之间，为1对梯形网状卵巢，每个卵巢都有一根很短的输卵管。输卵管连接小的纳精囊，开口于生殖腔。

　　（8）内分泌腺：内分泌腺由无管腺体组成，其分泌物（激素）直接进入血液。分泌物对蝎子的代谢、生长发育和生殖等重要生理功能起调节或抑制作用。

（二）生活史

　　蝎子的捕食能力较弱，具有耐饥耐渴能力，因而蝎子的生命力非常顽强，对环境的适应能力也很强，在一定条件下，蝎子缺食半年仍不至于饿死。

常温下，野外环境中蝎子从仔蝎到成蝎需要3年左右的时间（图2.15），蝎子的繁殖期4～5年，每年产1胎，寿命7～8年。

蝎子的卵细胞在卵巢内发育期约1年。蝎子交配受精后（图2.16），受精卵在母体内约经40天完成胚胎发育，产出仔蝎。产仔时间一般为7～8月。

图2.15　野生成年蝎子

仔蝎刚产出后，爬伏于雌蝎背上。仔蝎不取食，靠其腹内残存的

图2.16　受精后20天的蝎子

卵黄为营养（图2.17）。仔蝎体长1厘米左右，乳白色，体肥胖，附肢短，活动能力弱，一般头朝外尾朝内呈丘状群集在雌蝎背上。仔蝎刚产出为1龄，以后每蜕一次皮增加1龄，蝎子一生共蜕皮6次，7龄即为成蝎。

适宜条件下，仔蝎出生后第5天，便在雌蝎背上完成第1次蜕皮，

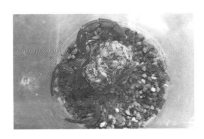

图2.17　蝎子出生后2天

进入2龄（图2.18）。蜕皮时，小蝎用尾刺钩住雌蝎背部间隙或其他小蝎蜕下的皮，并不断地扭动身躯。蜕皮后有的小蝎会跌落在雌蝎周围，但很快又会爬到雌蝎背部。2龄幼蝎体色加重，变为淡褐色，体重增加，体型也变得细长。

图2.18　刚蜕皮后的2龄蝎

再过5～7天，幼蝎便离开雌蝎背部独立生活。这时，幼蝎的活动能力增强，尾针可以蜇刺，并能排出少量毒液，有捕食小虫的能力，夜间便四处活动，捕获食物。

幼蝎在9月可蜕第2次皮，成为3龄蝎子，体长可达2厘米以上，体重也有所增加。3龄幼蝎在40天左右吃肥，贮积足够的营养准备越冬，10月下旬进入冬眠，翌年清明前后出蛰，5月以后随气温升高，幼蝎进食又达到一个高峰。6月蜕第3次皮成4龄蝎子，8月底蜕第4次皮成5龄蝎子，10月底进入冬眠。第3年6月和8月各蜕1

图2.19　各龄期蝎子形态对比

次皮，成为成蝎。各龄期蝎子形态不同（图2.19）。一般到第3年末即达到性成熟，第4年夏天开始繁殖。

蝎子每次蜕皮后由于不断进食，体重逐渐增加，体长也呈跳跃式增长（表2.1）。

表2.1　蝎子的不同龄期体长、体重对照表

龄期	体长（厘米）	体重（毫克）	蜕皮时间
1	1	15.2	出生后第5天
2	1.5	24.0	当年9月下旬
3	2.0	81.2	第2年6月下旬
4	2.7	231.5	第2年8月下旬
5	3.4	497.1	第3年6月上旬
6	4.1	923.5	第3年6月下旬
7	4.8	1 240.0	

　　创造恒温（25～39℃）条件，可以部分地改变蝎子的生活习性，全年均可生长发育，各次蜕皮间隔时间明显缩短，从仔蝎到成蝎只需250天左右（表2.2）。交配过的雌蝎，3～4个月即可繁殖1次，全年可繁殖2～3次。

表2.2　恒温下各龄蝎子的生长时间

龄期	1	2	3	4	5	6
生长时间（天）	5	45	51	52	50	57

（三）生活习性

　　人工养蝎必须创造适宜蝎子生存和生长发育的良好生态环境，因而应该对蝎子的生活习性有深入的了解和全面的认识。

　　1.栖息环境　蝎子喜欢生活在阴暗、潮湿的地方，常潜伏在碎石、土穴、缝隙之间（图2.20）。它喜欢安静、清洁、温暖的环境，对声音有负趋性，轻微的声响就能使蝎子惊慌逃窜。噪声会使蝎子烦躁不安，发情、怀孕、产仔的蝎子特别喜欢安静场

图2.20　野生蝎子栖息环境

所。蝎子喜清洁，遇到农药、化肥、生石灰等释放出的刺激性异味，会远远避开。

2.活动规律 蝎子在常温下有冬眠习性，在立冬前后入蛰，翌年清明前后出蛰，全年蛰伏期在6个月左右。蝎子休眠时，大多成堆潜伏于窝穴内，缩拢附肢，尾部上卷，不吃不动（图2.21）。

图2.21 休眠

生长期蝎子昼伏夜出，白天躲在石下或缝隙中，极少出来活动，一般在黄昏出来活动，凌晨2~3时返回窝穴内栖息。

蝎子行走时，尾平展，仅尾节向上卷起；静止时，整个尾部卷起，尾节折叠于前腹部的背面或卷起平放于身体的一侧，毒针尖端指向前方。受刺激后，尾刺迅速向后弹，呈刺物状态，毒针碰到外部攻击便排出毒液（图2.22）。

3.捕食习性 蝎子为肉食性动物，主要捕食蜘蛛、小蜈蚣和蚊类、蝇类等多种昆虫（图2.23，表2.3）。

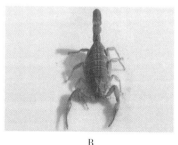

A   B

图2.22 蝎子攻击、行走
A.攻击 B.行走

鼠妇虫

黑粉虫

蜘蛛

舍蝇

黄粉虫

小蜈蚣

图2.23　蝎子食物图

表2.3　蝎子对各种饲料虫的喜食程度

喜食程度	饲料名称
喜爱吃	黄粉虫、地鳖、舍蝇、蜘蛛、小蜈蚣、油葫芦、鼠妇虫
较喜爱吃	黑粉虫、甲虫、蝗虫、蛾类、蚊类、蟑螂、蚰蜒、蝇蛆

由表2.3可以看出，蝎子喜爱吃的饲料虫有以下特点：鲜活、体软多汁、大小适中，含丰富蛋白质和脂肪，无特殊气味。

蝎子捕食能力较低，对饲料虫的感知凭感觉器官的功能，主要乘各种饲料虫在身边活动时用钳捕捉。对个体较大的饲料虫，蝎子先用毒针对其刺蜇麻醉（图2.24）。由于蝎子无口器，消化方式为体外消化，先从体内分泌消化液，将捕得的饲料虫消化为汁液，然后再吸食。

图2.24　蝎子捕食

蝎子的食量很大，饥饿的蝎子一次可吃掉与自身体重相等的饲料虫。蝎子每隔3～5天进食一次，有时也食入少量的风化土（图2.25）。

图2.25　进食风化土

蝎子的进食具有周期性规律，这是由蝎体内营养消耗过程所决定的。蝎子在大量进食时，所获得的营养较多，其中一部分供应其正常的生理活动，剩余营养则以糖原或脂肪的形式贮存起来。由于营养过剩，随之进入弱食期，出现食欲降低、食量减少的现象。几天后，正常的代谢消耗使旺食期贮存的营养物质基本耗尽，则再次进入旺食期。如此周而复始，旺食期与弱食期交替出现。成蝎的周期性进食规律表现较为突出。

4.对水分的需求　蝎子的生长发育离不开水分，水分缺乏，将影响机体活动的顺利进行。

蝎子体内的水分在不停地消耗着。消耗方式有三种：一是体表散发水分；二是通过粪便排出部分水分；三是通过书肺的气体交换散失水分。因此，蝎子必须不断地从外界获取相应的水分（图2.26），保持体液平衡，维持身体需求。蝎子对水分的获取主要有三个途径：第一，通过进食获取大量的水分，如黄粉虫体内

图2.26　饮水

含水量达60%左右；第二，利用体表、书肺孔从潮湿大气和湿润土壤中吸收水分；第三，蝎子体内物质在代谢过程中生成水。前两个途径是蝎体水分的主要来源，当环境湿度正常、食物供应充足时，蝎子不需要饮水。

蝎子在不同生长发育阶段所需的水分不同。生长发育阶段，机体因大量消耗水分，对水分的需求量大些；蜕皮期间，由于蜕皮生理的需求，蝎体对水分的需求量更大。

5.对温度的适应性　蝎子属变温动物，它的生长发育和生命活动与温度密切相关。

蝎子在-2~42℃都能够生存。在-2~0℃、40~42℃时，蝎子仅能存活5小时左右。

蝎子冬眠的温度为0~10℃，最适宜的冬眠温度为2~7℃。当温度长期高于7℃时，蝎子冬眠不踏实、躁动不安，体内新陈代谢加快，体内贮存的营养消耗过快，易出现早衰而不能安全越冬的现象。

蝎子在10℃以上开始活动。在12~24℃时，蝎子活动时间短、范围小，机体生长处于缓慢状态。温度达到25~39℃时，蝎子的交配、产仔才能进行，生长发育处于良好状态。

蝎子处于42℃以上的高温下，活动很快失常，继之昏迷，半小时左右脱水死亡。

6.对湿度的适应性　蝎子对湿度也有一定的要求，环境湿度很大程度上影响蝎子的生活。这里所说的湿度有两方面的含义。

（1）土壤湿度：土壤湿度指蝎窝构成材料的含水率。蝎子绝大部分时间居于蝎窝内，土壤湿度的高低对蝎子生命活动影响很大（表2.4）。

表2.4　蝎窝内土壤湿度对蝎子的影响

土壤湿度（%）	土壤的物理性状	对蝎子的影响
1~3	较干燥	生长发育停止
4~9	较潮湿	生长发育缓慢
10~20	潮湿，手捏成团、掉地即散	生长发育良好
21以上	搅拌即成稀泥	死亡

（2）大气湿度：大气湿度又称空气相对湿度，指周围环境的大气湿润度。大气湿度偏低或偏高，都会影响蝎子对水分的获取。

一般来说，蝎子的活动场所要偏湿一些。活动场所过于干燥时，若饲料虫供应不足，则会影响蝎子正常的生长发育，甚至激化种内竞争，引起相互残杀；蝎子栖息的窝穴则要稍干燥些。窝穴若过于潮湿，则会滋生有害微生物，诱发疾病，影响蝎子的正常生活。

7.种内竞争 种内竞争是自然界优胜劣汰这一普遍规律的反映，对维持生态平衡、物种延续和进化都很有利。蝎子的种内竞争，主要表现为蝎子与蝎子之间相互攻击，大攻击小，强攻击弱，未蜕皮的攻击正在蜕皮的或攻击刚蜕过皮尚未恢复活动能力的（图2.27）。

图2.27　蝎子吃幼蝎和刚蜕皮的蝎子

蝎子的种内竞争有其诱因，表现在以下几个方面：①严重缺食、缺水。②相互干扰严重。③温度、湿度等环境因素恶化。④争夺空间。⑤争夺配偶。

8.其他习性 蝎子除上述习性外，还有以下特征：①胆小。蝎子怕惊扰，尤其是发情蝎、孕蝎和产仔的母蝎。②畏光。蝎子对强光呈负趋性，怕日光暴晒。③怕风。④喜湿

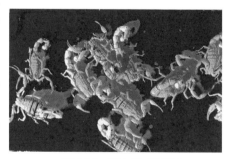

图2.28　紫光灯下的蝎子

怕水。⑤怕农药。少量乐果、敌敌畏就能使蝎子致死。⑥荧光性（图2.28）。

三、 蝎场规划

合理规划蝎场是科学养蝎的主要内容之一。

（一）场址选择

蝎场的位置应首先考虑有利于防疫和避免污染。因此，场址应远离疫区和污染区。由于果园要经常喷洒药液，所以附近有大片果园的地段不宜建造蝎场。另外，所选场地应背风向阳，无噪声干扰。

为了便于建造温室，要求所选场地应地势平坦，排水便利，四周无高大建筑物和树木，光照充分，通风条件良好，且有清洁而充足的水源（自来水或深井水均可）。

养蝎事业具有长效性，因而场地应具备稳定性。

（二）蝎场布局

蝎场应分为生产区和生活区两部分。

生产区由育种室、繁殖室、育肥室、幼蝎室、供种室、饲料室和温室组成。若在无冬眠养蝎的同时采用常温养蝎，可在室外划分若干小区，这些小区由若干饲养池组成（图3.1）。

生活区由业务室、宿舍、食堂、仓库、厕所等组成。

图 3.1　蝎场规划图示范

（三）蝎房的类型与建造要求

养蝎者可根据事先规划的养蝎场规模和生产组织形式，建造适于自己利用的蝎房。蝎房按照是否加温分为普通蝎房和温室蝎房。

1.普通蝎房 普通蝎房即未经任何加温措施的蝎房，适用于采用常温养蝎的

图3.2　普通蝎房

一般养蝎户。蝎房可专门建造，也可用普通的民房改建而成，有屋脊的房内要设置顶棚。新建的蝎房不必过高，平面屋顶或顶棚距地面高2.5米即可（图3.2）。

用于养蝎的蝎房，地面以下的墙基要用砖砌实砌严，地面以上的墙壁用砖或土坯砌成双层空心墙，外壁砌严实，内壁多留些缝隙作为蝎窝，或在相邻的上下两块横着砌的土坯的两端和中间加上耐压的坚固垫片，以留出2.5～3.0厘米高的缝隙。墙的外壁要用泥抹平，不留缝隙；墙的内壁距棚顶20厘米以下不抹泥，留下的缝隙作为蝎窝。

图3.3　投喂饲料虫平台

墙内蝎窝有利于幼蝎蜕皮，提高成活率。房内的空地上可砌几道遍布空隙的蝎窝墙。蝎窝墙高度一般不超过0.5米，这样便于投喂饲料虫；因蝎子习惯沿水平方向移动，落差太大时不利于蝎子采食。若蝎

图3.4　配备硬质板平台

窝墙的高度超过0.5米，则每向上0.4～0.5米就需沿墙设置一圈投喂饲料虫的平台（图3.3）。

蝎房的地面要坚实而略显粗糙，不可高低不平、松软或过于光滑。一般可先用三合土填平、夯实，再铺设一层砖或水泥砂浆。这种地面既便于种蝎交配时进行"共舞"活动和固定精荚，又可防老鼠和蚂蚁打洞，还便于洒水增湿和保湿（图3.4）。

蝎房内的人行通道要高出地平面20厘米，侧面贴玻璃条或表面平滑的透明胶带，使上平面与蝎子的活动区完全隔离。

蝎房的门设置成向内开，在门口内侧修一堵高20厘米的弧形或"∏"形矮墙，矮墙至门口的距离以门能打开为度，在其朝向室内的一面贴上玻璃条，使之在门口处形成一个防护区，以免人出入时踩死蝎子。

蝎房除门以外，每3.5米宽的墙面上各开设一个1米×1.2米的玻璃窗，白天拉上窗帘；墙脚处留12厘米×6厘米的蝎洞，供蝎子在夜间出入蝎房，但在白天和冬季要用砖堵上。房内的四壁顶部、门窗四周朝向室内一侧的墙壁以及门口处的地面各泥平20厘米左右并粘贴上15～20厘米宽的玻璃条，防止蝎子爬上屋顶和从门窗逃出（图3.5）。

蝎房墙外修一条宽、深各约1米的水沟，沟的内侧为直抵墙脚附近的斜坡，外侧的沟壁直立并沿沟砌一圈0.5米高的围墙，沟底和沟壁用水泥抹平，经常保持半沟水，既可供蝎子饮水，

图3.5　蝎子防逃脱玻璃条

又可防止蝎子逃逸和外边的蚂蚁进入养蝎区。蝎房外面的四周墙脚也要贴上玻璃条，防止出来活动的蝎子爬到墙上去。

若把室外的附属构造去掉再加设相应的加温、保温设施，普通蝎

房就可改造成温室蝎房。

2.温室蝎房 温室蝎房是实行恒温高密度养蝎的最重要基础设施，目前常见的有普通温室和日光温室两种类型，它们的主要区别在于蝎房的建筑类型和加温方式不同，但二者的结构都要能合理地利用阳光。科学地利用阳光也是降低温室养蝎加温成本的一条重要措施（图3.6）。

图3.6 阳光大棚恒温蝎房

（1）加温方式：在一般情况下，太阳热能的利用可作为最基本的加温方式。在日照充足的季节里，普通温室借助阳光的照射，白天基本上可以使室内温度符合蝎子的生长发育和繁殖的要求。日光温室可以在更长的时段内不用其他辅助性加温手段就可取得理想的效果。辅助性加温是在夜间靠积累的阳光余热不足以维持必需的温度时，通过启用辅助加温设备，把蝎房内的温度提高到规定值。在长江以北地区，通常从5月上旬至10月上旬无须进行辅助性加温。阳光棚加温缺点是昼夜温差难以控制，有时夜晚还需其他辅助加温方式。

在低温季节里，蝎房加温设备要有把室温升至35℃以上的工作能力。养蝎规模大者可安装锅炉，用暖气加温；在电力供应充裕的地方，只要经济条件许可，可以采用全自动电热恒温加热器加温；空间不太大的养蝎场所也可用电炉丝、绝缘管配以10～50℃控温仪自行组装绝缘性能可靠的自动加热装置。有地热条

图3.7 暖气加温恒温蝎房

件的地方可利用地热供暖，不管采用何种热源此法均属于暖气加温，此方式干净卫生（图3.7）。

图3.8　火龙墙加温恒温蝎房

养蝎规模较小者，可采用土暖气、沼气、煤炉、锯末火池等加温。直接采用燃料燃烧产生的热气加温时，要确保室内无废气泄漏并保持有良好、安全的换气措施，以免发生人和蝎子缺氧或一氧化碳中毒。

在热能靠管道、火墙等传送的情况下，可在地下供暖管道旁侧或火墙内的较低位置修建一条与室外相通并与前者伴行、有足够长度的进风道，使进入蝎房内的新鲜空气得以预热，这样有利于使室内的温度均衡升高，同时可改善空气质量（图3.8）。

四、 种蝎

　　搞好蝎子的繁殖工作是提高人工养蝎经济效益的关键，培养优良种蝎是搞好繁殖工作的基础。种蝎不仅决定雌蝎的产仔率、仔蝎的成活率，对幼蝎的成长也有很大的影响。

　　初学者往往由于缺乏对优质种蝎的辨别能力，建议从有实力的养蝎场直接引进2龄蝎苗是一种既经济划算又能降低风险的引种方式（图4.1）。

A　　　　　　　　　　　　　　　　B

图4.1　优质种蝎和2龄优质蝎苗
A. 优质种蝎　B. 2龄优质蝎苗

（一）种蝎的来源

　　有的养殖户从野外捕捉或购回野生蝎子作种蝎进行繁殖。对于养殖户尤其是初养者来说，这种做法是不可取的，第一，野生蝎子与人工养殖的蝎子生活习性有所不同。人工创造的生态环境在温度、湿度、密度、饲料虫结构、栖息环境等方面与野生环境有较大区别。野生蝎子由野外自然环境进入人工创造的小生态环境难以适应，其正常的生理活动必然受到影响。第二，野生蝎子性情凶悍，人工高密度混养会激化其种内竞争，造成大吃小、强吃弱的相互残杀现象。第三，由于野外环境比较恶劣，野生蝎子在受孕后营养往往供应不上，胚胎在母体内不能很好发育，捕捉的野生孕蝎所产的仔蝎，多数体质较弱，成活率偏低，有的孕蝎还会产出一部分死胎（图4.2）。

图4.2　野生蝎子残杀和产死胎

　　养殖户最好从技术成熟、实力强大的人工养蝎单位引进种蝎或2龄蝎苗。

　　1.引种　引进种蝎时，要对所引种蝎有详细的了解，如种蝎的品种、蝎龄、雌蝎是否有孕等情况。可根据需要择优选购青年蝎、成雌蝎或孕蝎（怀孕前期）（图4.3）。要挑选个大，体长在4.8厘米以上，肢体无残缺，并且健壮、行动敏捷、静止时后腹部蜷曲、前腹部肥大、皮肤有光泽的蝎子。

　　选种时，要注意雌、雄比例的搭配。有的养殖户为了多获仔蝎而只选雌蝎不要雄蝎，这种做法是错误的。因为雌蝎受精后，虽然精子在纳精囊内可长期贮存，供终生繁殖用，但繁殖率逐年降低，且胎次高的仔蝎体质较弱，成活率偏低。为了提高雌蝎的产仔数量和所产仔蝎的质量，种蝎需要年年交配，因而引进种蝎时必须引进适当数量的雄蝎。根据蝎子的交配规律，雌、雄比例可按3：1进行搭配。除了蝎子怀孕后期和产

图4.3　优质孕蝎和雌蝎

期，其他时间均可进行引种（图4.4）。

运输时要注意密度不可过大，否则易使蝎子相互挤压受伤，造成

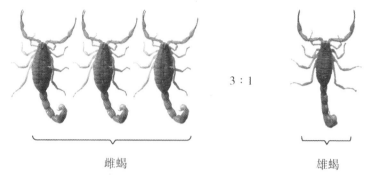

3 : 1

雌蝎

雄蝎

图4.4　引种雌、雄比例 3：1

孕蝎流产或形成死胎。常用的运输
方法是先把种蝎装入洁净、无破
损的编织袋中，每袋重量在1.5千
克左右，然后把编织袋平放在运输
箱中。运输箱要具备良好的通风性
能。运输过程中要避免剧烈的振
动。夏季运输要注意预防高温，冬
季要防寒（图4.5）。

图4.5　种蝎的包装与运输

投放种蝎时，每个池子最好
一次投足。否则，由于蝎子的认
群性，先放的与后放的种蝎之间会发生争斗，造成伤亡。若确实需
要多次投放时，可先向池内喷洒
少量白酒或者酒精，以麻痹蝎子
的嗅觉，待酒味扩散后，先放的
与后放的种蝎便能相互接受（图
4.6）。

种蝎进入新环境，需要一个
适应的过程。刚投入池内的蝎子

图4.6　投放种蝎前向蝎池喷洒酒精

在2～3天会有一部分不进食，因此不可大量投喂饲料虫。要不断观察蝎子活动和进食情况，检查防逃设施是否安全。发现蝎池出现漏洞或防逃材料有脱裂现象时，应及时采取补救措施。

运输时如果有死亡或伤残的蝎子，要及时清理出来，及时加工成药用全蝎。

2. 育种　养殖户除了向人工养殖单位购买种蝎，也可自主进行选育。现以河南省登封市立诚蝎子养殖场对种蝎的选育为例进行说明。

蝎子的生长速度与产仔率是两个负相关的性状：产

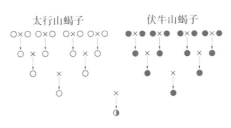

图 4.7　蝎子的四系配套杂交

仔数越多，个体越小，生长得越慢。蝎子的生长速度与产仔率这两个性状很难在同一品种内同时表现优良。所以，选育种蝎时，要单独培养父系和母系，父系侧重于生长速度快慢和个体大小，母系侧重于产仔率和成活率。河南省登封市立诚蝎子养殖场以太行山蝎子作父系、伏牛山蝎子作母系，按四系配套杂交法进行选育，分别在太行山蝎子、伏牛山蝎子这两个品系内部挑选优秀个体，按纯种繁育的方法培育出4个具有一定特点的纯系种群（父系、母系各一）（图4.7）。为了使遗传性状稳定，在每个种群内，都要进行多代的封闭交配（不能进行群间交配）。待建立起具有优良性状的父系和母系种群后，在父系和母系之间再选择优秀个体进行杂交，并通过试验，确定最佳的杂交组合，此后就依这种杂交组合的方式进行大群繁殖。

通过四系配套杂交生产出来的种蝎，具有强大的杂交优势，它们可将不同品系的优良性状集于一体（图4.8）。

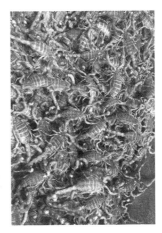

图 4.8　优质种蝎群

（二）蝎子的提纯复壮

图4.9　繁殖2代仔蝎后种蝎产量退化

由于变异、退化等因素的影响，种蝎的优良性状在选育过程中，会随多代的繁衍而变得不稳定，故用不同品系杂交生产出来的繁殖群种蝎在繁殖两个世代后就不宜再用了，需对它们的父系、母系种群进行提纯复壮（图4.9）。

在4～5龄蝎群中，选择个大、有光泽、肢体健全、健康活泼且适应性强的个

图4.10　健壮的子代优质成年蝎交配

体，专池精心饲养。待这些蝎子交配、产仔后，将体壮、产期早、产仔率高的雌蝎挑出放入专池，然后往池中放入适当数量的优良成年雄蝎进行交配繁殖（图4.10）。为了保留和发挥种蝎的优良性状，此项工作要经常进行。

（三）蝎子的繁殖特性

蝎子的繁殖行为是种蝎性功能发育的必然结果。

蝎子是卵胎生的动物，性功能发育与个体的生长大致上是同步进行的，在完成第6次蜕皮后，蝎子的性功能就基本发育成熟。在自然条件下，由于受季节的影响，性成熟的蝎子要到下一年的5～6月才能交配。

蝎子的性功能发育与生活环境和营养状况有密切的关系。野生

蝎子在自然条件下完成性功能的发育需 25～26 个月，而温室养殖的蝎子通常在出生后只需经过 10～12 个月即可完全发育成熟（图4.11）。

图 4.11　性成熟的雌雄蝎交配

　　在我国北方地区的自然条件下，东亚钳蝎通常在出生后第3年的8～9月完成第6次蜕皮变为成蝎。雌蝎在末次蜕皮后的翌年5～6月接受交配后，发育成熟的卵子在其体内受精形成早期胚胎即受精卵，但只有一部分受精卵经40天左右先行完成胚胎发育变成仔蝎，并在当年的7月中旬至8月初从雌蝎前腹部的生殖孔中产出体外，其余的受精卵则长期处于生理性滞育状态，在以后的岁月里分批获得发育。因此，雌蝎接受一次交配后，可连续产仔3～5胎或在自然条件下繁殖3～5年，但从第2胎起，所产的仔蝎中弱蝎所占的比例较大，这是由于胚胎的滞育期过长所致。有的经产雌蝎在产仔后的8～9月有再次接受交配的现象（图4.12）。

　　实行温室养殖的种蝎，雌蝎在一年内可产2次。

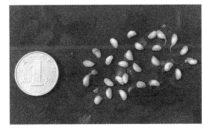

图 4.12　受精卵滞育期过长导致死胎流产

五、 调控蝎子生长期的技术措施

在自然条件下，不论是野生蝎子还是常温养殖的蝎子，在长达半年左右的低温休眠期间不吃不喝，也不蜕皮，生长发育处于停滞状态，故从出生到变为成蝎的个体发育历程，需跨越3个年头计26个月以上。如果人为地为蝎子创造适宜而稳定的生活条件，阻止其发生休眠而延长有效生活时间，同时从营养等方面满足它的生理需要，从管理上尽可能减轻干扰因素的影响，就可提高幼蝎的生长发育强度，加快生长发育进程，使之在9个月左右的时间内完成6次蜕皮而生长为成蝎（表5.1）。

表5.1 各龄幼蝎的平均龄期

蝎龄	龄期（天）	
	野生蝎或常温养殖蝎	温室养殖蝎
1	5	5
2	55	50
3	283	51
4	71	52
5	294	50
6	71	57
合计	779	265

阻止蝎子休眠，还可改变种蝎在自然条件下一年繁殖一次的年节律性，使蝎子的繁殖不再受季节变化的制约，生产年度内的产仔胎次可增加到2次（6～9月，12月至翌年3月，各产一次）。缩短胎次间隔

可节约时间，提高繁殖效率。

　　蝎子在出生后是以连续发育、跳跃式生长的方式变为成蝎的，每蜕一次皮就长大一点，在第6次蜕皮后，生长和发育的生理变化最终同步完成而变为成蝎。蝎子的体格随着蜕皮而发生变化，是由于体格的大小受到外骨骼的制约，坚硬的外骨骼被覆于体表，成分主要为几丁质，形成后不会再生长，只有在把这层外骨骼脱掉即蜕皮后体格才会变大一些（图5.1）。蝎子一步入成年，就不再蜕皮，体格大小固定不变，永远不会再长大，此后唯一可能发生的变化就只有肥与瘦的体型差异。

图5.1　蝎子蜕下的皮

　　在人工养殖的情况下，成蝎除了留作种用以外，其余的都应作为商品蝎及时组织采收。推迟采收商品蝎是令产品自动贬值的不当之举。采用恒温无休眠养蝎技术，便于实行蝎子的分龄管理，蝎子在何时成熟可以掌握得非常准确，很容易做到有计划地及时采收。

　　恒温无休眠养蝎是一个系统工程，需从多方面创造条件，满足蝎子快节奏、高强度生理活动的需要，以阻止其进入休眠状态，克服养蝎生产的季节性，使之得以不间断地连续进行，缩短其生产周期，加快生产设施周转，提高蝎子的产量和养蝎经济效益（图5.2）。

图5.2　恒温养殖出来的优质待售商品蝎

（一）缩短生长期可大幅度提高蝎子的产量

养蝎生产与其他物质生产活动的追求目标，在本质上完全一致，都是力求取得最大的产量和最高的经济效益。诚然，产量越大，收入就越多。从企业的经济角度来看，产量与效益之间的关系并非如此简单，因为产品是有成本的，成本高时，单位产品的实际收益即效益就相对较低。然而，不能据此认为，投入高效益就一定低。如果高投入带来的是高产出，只要控制好成本，那么效益就必定高，这是由于高的生产效率必然会提高产量和效益。把现代化工业生产与传统的手工生产比较一下，就很容易理解产量、效益之间的这些关系以及生产效率的重要性，成批生产的工业产品的生产成本不仅低于同种手工产品，而且同期的产量也远高于后者。

养蝎生产的根本目的是获取蝎产品，追求的目标是获取尽可能多的蝎产品。通过扩大规模或提高产量都可以达到高产的目的，但二者之间有很大的区别。简单地扩大生产规模，是通过"广种薄收"提高产量的，生产效率仍处于原来的水平，而提高产量的增产手段是提高生产效率。恒温无休眠养蝎技术从改变蝎子的生活条件入手，为提高养蝎生产的产量提供了一个有效的手段。在此基础上，结合其他必要的综合性技术措施，就可更好地促进蝎子的生长发育，大幅度缩短蝎子的生长期和蝎子的世代间隔，提高养蝎的产量。

（二）影响蝎子生长发育的因素

1.遗传因素 利用科学方法杂交生产的杂种一代蝎子具有杂种优势，生长发育性能优于经过一般培育的蝎子；野生蝎子生活在特定的狭小地域范围内，多为近交繁殖的后代，生长发育性能较差，但对原产地自然环境的适应性可能会比人工饲养的蝎子稍强一些。

2.营养因素 各种营养成分和水是蝎子生长发育的物质基础。如果喂给蝎子的食物量不足、品种单一、鲜活性差、适口性差或供水不合理，都会导致蝎子营养不良或发生疾病，影响其生长发育（图5.3）。

3.生态环境因素 蝎子的生态环境包括生活场所的气温、空气相对湿度、蝎窝土的湿度、光照、空气质量（气味、流动性）、噪声、

图 5.3　营养不良的蝎子

蝎群组成、蝎子与其他生物的关系、卫生状况等。人工养殖的蝎子只能被动地在人工环境中生活，环境条件直接影响其生长发育的状态甚至关乎其生命。

（1）温度：在蝎子生活的环境中，蝎子表面的温度与包围它的空气的温度保持着动态的一致性，蝎子可以敏锐地感受到环境温度的变化并做出相应的反应。恒温养殖的蝎子，在低气温季节即使遇到短短几小时的脱温（脱离加温），也会产生相当严重的应激，甚至导致死亡。不同气温对蝎子生活的影响也有所不同。

1）最适生活温度为25～39℃：在此温度范围内，最适于各龄幼蝎正常地采食、生长、发育。最适于种蝎繁殖的温度为27～37℃，适于仔蝎和幼蝎蜕皮的温度为27～38℃。

2）休眠温度为-5～10℃：蝎子在此温度条件下处于休眠状态，不吃不动，把机体内的代谢活动降到仅能保住生命的极低水平，以尽量减少体内贮存营养物质的消耗，这是它对低温的一种适应方式。

蝎子的安全休眠温度为1～6℃；在-4～0℃约有20%的蝎子会被冻死。

在休眠期间，若气温升到8℃并维持较长的时间，蝎子会因真菌类微生物和螨类寄生虫的滋生而受到侵害。

3）强致死低温：气温在-9～-5℃时，蝎子的死亡率一般达50%左右；在-10℃以下，死亡率可达80%以上。

4）出蛰温度：开春后，气温持续、稳定地回升到10℃以上，蝎子从休眠状态完全复苏（图5.4）。

5）消耗性衰竭致死温度为17～24℃：在此温度范围内，蝎子活动的时间短、范围小，消化能力很弱，腹内存留的食物难以消化而易引起腹胀病（大肚子病）（图5.5），以致失去捕食的欲望和能力，甚至连投喂的饲料虫也不吃。这样，就使处于活动状态的蝎子不得不消耗自身的营养物质。这种状况一旦持续的时间较长，就会导致蝎子死亡，甚至无一能够幸存，这正是野生蝎子和非温室养殖蝎子出蛰后容易发生"春亡"的主要原因之一，

图5.4　蝎子开春复苏

图5.5　大肚子病

正所谓"气温诱蝎活动，营养难以补充，体内贮备耗尽，衰竭而致毙命"。

6）强致死高温：气温超过40℃，蝎子就会发生昏迷甚至脱水致死；气温达43℃，蝎子很快死亡。

（2）环境湿度：环境湿度包括空气相对湿度和蝎窝土的湿度，二者对蝎子的生长发育和生命安全至为重要。蝎子喜潮而怕湿，爱在土壤湿度不大的干爽处栖息，觅食则常到湿度较大、昆虫活动频繁的地方去。另外，环境湿度的变化既会改变蝎子体内的水平衡和生理生化活动，也会对环境中危害蝎子的寄生虫和微生物的活动产生影响。

1）空气相对湿度：过高或过低的空气湿度都会对蝎子产生有害的影响，而湿度不适引起的不良后果又与温度密切相关。在持续低温（0～24℃）、低湿（空气相对湿度低于40%、蝎窝土湿度低于5%）的情况下，蝎子的生长发育受到抑制，幼蝎蜕皮困难（图5.6）；低温（下限8℃）、高湿（空气相对湿度高于70%并持续7天以上、蝎窝土

湿度高于17%）易使蝎子发生霉菌性疾病、螨病和腹胀，很容易导致2龄和3龄蝎大量死亡；高温（40℃以上）、高湿会引起蝎子体内组织积水而表现为周身明亮、肢节膨大发白、体色加深、后腹部拖地运动，严重者致蝎子受蒸而死；高温、低湿可使蝎体内的水分大量蒸发而脱水，轻者引起昏迷、瘫痪，严重者很快死亡。1龄蝎在43℃的低湿环境中，经1～2小时就会被烘干。

图5.6　蜕皮困难导致死亡

2）蝎窝土湿度：蝎子可在湿度为5%～17%的土壤中生存，但不同生理状态的蝎子最适宜的土壤湿度有一定的差异。负仔期雌蝎和1龄蝎最适的蝎窝土湿度为10%～17%，雌蝎卵发育和孕蝎胚胎发育以10%～15%为宜，适于各龄幼蝎蜕皮的土壤湿度为8%～15%，冬眠期为5%～10%。蝎窝土湿度若高于20%，易诱发蝎子水肿病甚至导致死亡，低于5%则引起生长发育停滞、蜕皮困难、卵子发育受阻、胚胎死亡以及蝎体后腹部出现黄白干枯斑点等症状。

（3）光照：光照对蝎子的活动有重要的影响。蝎子只有离开栖居的蝎窝出来活动，才有机会捕食昆虫，为生长发育创造条件。

蝎子对弱光有正趋性，对强光具负趋性，野生蝎子昼伏夜出的习性正是其趋光性的体现（图5.7）。过去在豫西一带，暑天的夜晚有不

A　　　　　　　　　　B

图5.7　蝎子夜晚出来觅食，白天回窝休息
A.白天休息　B.夜晚觅食

少人打着灯笼捕捉蝎子，当地民间流传着"蝎子姓照，越照越闹"的谚语，就形象地说明了微弱的灯光可把蝎子引诱出来。

阳光对恒温养蝎有非常重要的利用价值，关键在于适度利用，才能促进蝎子的生长发育。对于蝎子来说，可以从被阳光照射而温度升高的环境中获取热能，以维持活动和新陈代谢。阳光中的紫外线还能杀灭环境中的某些有害微生物，从而防止或减少蝎子病害的发生。不过，蝎子并不喜欢直射的阳光，它们会本能地躲避强光。光照强度过大时，蝎子的活动会受到干扰，要么缩小活动范围，要么被迫停止活动。

（4）风：蝎子畏强风，野生蝎子只在无风的夜晚出来活动，人工养殖的蝎子同样有避风的习性。

（5）噪声：蝎子能感受一定波长的声波，对强大声源造成的空气剧烈振动会产生强烈的反应。受到较强的声响刺激后，一般会引起蝎子惊恐不安而停止捕食，还会引发孕蝎流产或负仔期雌蝎弃仔、食仔。

（6）空气质量：蝎子对刺激性气味有强烈的回避性。任何有害气体对蝎子都有极大的威胁，有的即使浓度不太高也可能导致蝎子中毒死亡。

（7）生物干扰：生物干扰包括天敌动物的侵袭、病原微生物和寄生虫的侵害、干扰性生物的侵扰和蝎群内的个体间冲突等。天敌动物直接威胁蝎子的生命安全；病原微生物（病菌、霉菌）和寄生虫则损害蝎子的健康甚至危及生命；干扰性生物如蜘蛛、鼠妇虫等虽是弱势动物，但在某些特定的条件下却会干扰蝎子的正常生活，影响其生长发育；蝎群内的个体间冲突会影响正常采食和代谢，严重者发展为群内相残，造成蝎群不安和弱势蝎子死亡。

（8）卫生条件：蝎窝土和蝎房内空气质量的恶化有损蝎子的健康甚至危及其生命。室内通风不良、微生物滋生会加剧环境卫生条件的恶化。引起蝎窝土和空气质量下降的主要因素有蝎子和饲料虫粪便的发酵与分解、死亡的饲料虫和蝎子的尸体发生腐败，以及生物活动导致氧气浓度降低和二氧化碳及氨气等废气浓度的升高（图5.8）。

4.管理质量的影响 饲养管理人员除了完成饲料虫投喂等日常的生产操作任务以外，还需每天对环境状况和蝎群的动态进行仔细观察，发现问题及时进行分析，找出发生的原因，并采取相应的措施加以解决；否则，蝎子的生长发育势必会因管理质量不佳而失去保障。

图5.8 蝎窝死亡的饲料虫

（三）缩短蝎子生长期的技术措施

1.选择优势蝎种或种苗 选择优良的蝎种、正确地利用种蝎，改良种质和优化蝎子的种群结构，确保产出的蝎子具有优良的生长发育性能，并在以后的代次中不断地改善。种蝎宜从经过人工长期驯化的蝎种和种群中选择，包括从自己的蝎群中选留优秀个体（图5.9）。

图5.9 优质种蝎种苗

2.为蝎子提供舒适的恒温生活环境 缩短蝎子生长期的关键在于使它们的生长发育不发生停顿。因此，为蝎子提供适宜的恒温环境就是最重要的前提条件。

（1）恒温养蝎的设施与设备：养蝎温室（塑料大棚、日光温室或普通温室）及其配套的设施，必需的养蝎设备、用品等。

（2）养蝎温室的环境控制：

1）温度和湿度控制：在恒温养蝎的条件下，温度和湿度的调节与控制非常重要，不仅要保证不出现低温现象，而且要能随时解除高温高湿或高温低湿对蝎子的威胁。

恒温养蝎室内的温度必须保持在25℃以上，但不同生理状态的蝎子对温度的具体要求不尽相同。产仔和负仔期雌蝎及1龄蝎的适宜温度为32～38℃，2龄和3龄蝎子不宜低于27℃，4～6龄蝎子不低于25℃，非繁殖期种蝎和待售的活商品蝎25～32℃即可。

蝎房内的温度应在利用太阳热能的前提下根据实际情况进行调节。在加温饲养的过程中，一定要保持温度稳定在合理的范围内，尤其在冬天，一旦中断加温造成温度急剧下降，即使断温时间仅有几小时也很容易引起蝎子死亡。

温度过高时，及时启用水帘、打开门窗通风以及使用排风扇等，将室内的热量向外排出或阻止室外的热量进入室内。降温时，要密切监测空气湿度的变化，不要引起长时间的低湿；通风时，应避免产生剧烈的气流和过大的噪声。如果采用向地面洒水的方法进行降温，务必要及时消除随后发生的高温高湿现象。

调节蝎房内环境湿度的主要办法是补水和通风。

众所周知，蝎子可适应的空气相对湿度为40%～85%，但应当注意，不能据此认为蝎子在这样宽泛的湿度范围内就一定处于最理想的安全状态。事实上，不同生理状态的蝎子对环境湿度的要求有一定的差异。一般而言，除了产仔和负仔期的蝎子以及各龄幼蝎在蜕皮时需要较高的相对湿度（70%以上）以外，在其余情况下，空气相对湿度以50%～65%较为适宜。蝎子若长期（持续7天以上）处于空气相对湿度高于70%的环境中，就会遭受高湿度的危害，而连续7天以上处于45%以下的环境中则会受到干燥的严重影响。

2）风、空气质量和噪声的控制：养蝎温室内要保持空气新鲜、安静，不允许强风刮进蝎房内或在室内产生人为的空气强烈流动。进行生产操作时，动作要轻缓，不要大声喧哗、打手机、播放音乐或制造出较大的声响。

养蝎室内不可存放有挥发性气体的化肥、农药、油漆、汽油、煤油，以及碘酊、强酸、强碱、生石灰等，也不可在室内直接生火或烧各种炉子（除非能把烟尘可靠地排至室外），禁用蚊香、灭害灵、空气清新剂等。

3）光照控制：养蝎只宜利用散射的自然光或有控制地利用阳光，蝎房内的光线只要能看清蝎子的活动状态就行。自然光线太强时，要采取遮阳措施；人工光照可通过减少灯光配置、使用小功率光源来降低照明强度。

3.采用适宜的养蝎方法　温室养蝎的方法与室内常温养蝎相同，大多采用传统的池养法、架养法等，这些养蝎法至今依然可用（图5.10）。

A　　　　　　　　　　　B

图5.10　池养和架养

A. 池养　B. 架养

近年来，有人在总结养蝎经验的基础上，开发出了纸质蛋托养蝎的新形式（图5.11）。

图5.11　纸质蛋托养殖

利用纸质蛋托养蝎，不用铺设蝎窝土，保温性能好；直接向蛋托垛上置放的水盘内注水以调节环境湿度，操作简便，且易于形成有一定湿度差异的蝎栖息区和采食区。目前在河南、湖北、山东等地都有人采用纸质蛋托养蝎技术。实践证明，在饲养管理技术水平与传统养蝎方式相同的情况下，利用纸质蛋托饲养幼蝎，有利于蜕皮，可显著提高成活率。

然而，纸质蛋托在高温高湿条件下易发霉，霉菌具有极强的分解蝎子体表几丁质硬壳的能力，对蝎子具有很大的危害性。在适宜的温度条件下，空气相对湿度在75%以上时，霉菌开始滋生繁殖。霉菌主要依靠产生形形色色的无性或有性孢子进行繁殖，适于大多数种类霉菌生长繁殖的温度为20～30℃，有些种类霉菌能适应的温度下限低于0℃，也有上限高达36℃者。有人在利用纸质蛋托养蝎的实践中发现，在温度保持32～36℃、空气相对湿度70%条件下，受潮的纸质蛋托经10天左右发霉，由此提出把空气相对湿度降至70%以下，或者白天把相对湿度控制在70%以下，晚上在蝎子出来活动前往地面喷水把相对湿度升至70%，使活动场所偏湿而蝎窝内保持潮而不湿，每周再用3%的盐水（高渗氯化钠溶液）喷洒蝎窝一次，就能使霉菌处于难以继续生长繁殖的状态，发霉现象即可得到抑制。同时，高渗盐水对真菌、细菌、螨虫及其卵也有杀灭作用。不过，反复用高渗盐水喷洒，会引起盐分在纸质蛋托上积累，这样就无异于让蝎子生活在盐碱土中，势必会抑制蝎子的体表从环境中吸水的能力甚至引起蝎体失水。

在用纸质蛋托养蝎的情况下，采用昼干夜湿或蝎窝内干、活动场地湿的控湿方法来抑制霉菌滋生，操作的难点在于如何才能精确地把握湿度。养蝎户可以在借鉴他人经验的基础上，进行更深入的试验研究，找出适于自己特定条件的抑霉灭霉方法。

4.合理分群　为了防止饲养密度过大时蝎子个体间发生相互干扰甚至群内相残而影响生长发育和繁殖，必须实行合理的分群管理。蝎子的分群有以下两个原则：

（1）依蝎子的来源和品种分群。把野生蝎子与人工驯养过的蝎子以及同种但不同种群的蝎子分开饲养（图5.12）。

（2）依蝎子的生理状态分群。对于同种群的蝎子，要把幼蝎与成蝎分开，包括离开母蝎背后的2龄蝎及时与雌蝎分离；幼蝎按蝎龄分组群养；非繁殖期雌蝎可按雄雌比例1：（1～2）群养；孕蝎、负仔期雌蝎（含其背负的仔蝎）应与其他具有独立生活能力的蝎子隔离饲养，最好是单只饲养；在群养群配的雌蝎中，要及时地把体型特征明显的孕蝎挑出来。

图5.12　分群饲养

5.饲养密度要适宜　蝎子的成活率与饲养密度呈负相关，即密度越低，成活率越高，但密度低至一定程度时，蝎子的产量也会因饲养量小而随之下降。因此，在正常管理的情况下，密度过高或过低都不好。在本部分中关于饲养密度的建议仅供参考，在实践中宁可适当降低，也不宜任意增大，但最适密度还需在实践中进行观察、探索，找出与自己条件相适应的合理饲养密度（图5.13）。

图5.13　合理的饲养密度

最适饲养密度就是要保证蝎子的成活率高、产品量大、生产成本低的单位饲养面积里蝎子的收容只数。试想，在单位面积里养蝎的只数极少时，成活率肯定高，但产品量小、成本高（场地、人工浪费大）；收容只数过多时，产品总量可能会大一些，但成活率会降低，这样，生产成本必然高，因为中途死亡的蝎子已占用的资源也是生产成本的一部分。

6.饲料供应要做到科学、合理　为保证幼蝎正常地生长发育和种蝎维持良好的繁殖功能，必须给它们提供合理、充足的营养。为此，应根据不同生理状态蝎子的采食特点，定时、定点、定量地投喂适宜的饲料虫，而且饲料虫的种类要多样化，不同种类的饲料虫实行间断性交替搭配投放。蝎子在夜间吃剩的饲料虫要及时撤走，以培养和巩固蝎子有规律地进行采食的行为，并有利于杜绝饲料虫的浪费和保持环境卫生。

7.做好蝎子的饮水供应　尽管蝎子对水的需求量不大，但它的生理活动离不开水，而且温室养蝎的环境温度较高、蝎子的活动量较大，水的消耗量必然会相应增多，因而有必要不间断地给蝎子提供充足的饮水，以防止缺水对蝎子造成危害（图5.14）。

图5.14　提供饮水的措施与方法

8.杜绝生物干扰　在温室养蝎的条件下，蝎子的饲养密度较高，一旦发生天敌侵袭、群内相残等生物干扰现象，就会造成非常严重的后果。因此，要通过加强日常管理，对蝎子的生物干扰现象既要做到有效预防还要有可靠的应急措施，确保在发生后能及时地予以有效控制和消除，以保证幼蝎的正常生长发育和种蝎的繁殖不受生物干扰的影响。

（四）不同生理状态下蝎子的饲养管理要点

1.配种期蝎子的饲养管理要点

（1）给种蝎提供良好的交配环境，确保成功地达成交配。蝎子交配场所的地面状况、气温、空气相对湿度、光线、风力等环境因素，对交配的效果有重要的影响。在人工养殖的情况下，给蝎子提供良好的交配环境是取得理想交配效果的重要前提（图5.15）。

1）地面状况：蝎子的交配处，应便于结对的种蝎进进退退地活动和固定精荚。因此，交配的场地要宽敞，让两只种蝎有"共舞"的回旋空间；地面宜坚实、平整、略显粗糙，不可高低不平、松软或过于光滑，以免蝎体悬空或发生滑动，影响精荚排出或使排出的精荚无法以正确的方向固着于地面上。

图 5.15　交配场地，需硬质平坦

2）温度：适于蝎子交配的温度是26~38℃。在此范围内，温度越高，雄蝎排出的精荚硬化得越快，就越有利于及时插入雌蝎的生殖孔内，交配的效果就越好。

3）空气相对湿度：蝎子在空气相对湿度65%~80%的环境中很容易交配成功。当空气相对湿度低于40%时，蝎子很少进行交配；同时，空气过于干燥，不利于精荚的排出和雌蝎生殖厣的打开，即使交配也难以实现受精。

4）光照强度：蝎子交配时的光照强度不宜很高，即使昏暗一些也无妨。大量的观察结果表明，野生蝎子习惯在月光下或黑暗的地方进行交配；人工养殖的蝎子，虽在持续的较强光线下能够交配，但交配过程花费的时间要比在弱光下长得多。

5）风力：蝎子的交配场所以尽可能无风为宜，这样既便于稳定地控制温度与空气湿度，也有利于保持宁静，避免对蝎子产生干扰。

（2）饲料和饮水：给种蝎提供足量、适口性好的饲料虫和充足的饮水。

（3）合理地组织放对：蝎子的放对就是通过人工操作使种用的雄蝎和雌蝎结成配偶关系。放对有单养放对和群养群配两种形式。

单养放对时，先把选择的健壮种雄蝎单养，然后投入1只雌蝎，这样可避免雄蝎发生紧张，增加成功交配的概率（图5.16）。

图5.16　交配

在群养群配的情况下，雄、雌蝎的比例不宜低于1：2，最高可达1：1。放对后的蝎子密度一般不宜超过500只/米²。第一次实行群养群配的种蝎，可每平方米一次性投放足量的雌蝎（250～300只），并按雄、雌比例1：2分多个地点投入种雄蝎，1天后可补充一次种雄蝎，使雄、雌比例最终达到或接近1：1的理想状态，这样可保证雌蝎获取较好的受精效果。

如果在繁殖群内一次投入太多的雄蝎，会增加它们之间发生争斗的机会；若一直保持较低的雄雌比例，即长期处于雄蝎少、雌蝎多的状态，会使一部分雌蝎失配。

交配后不宜继续留种的弱、残种雄蝎以及确认已利用过两次的种雄蝎可及时淘汰。

在群养群配的条件下，繁殖群的结构是动态变化的，雄雌蝎的比例随时都会发生改变。为了使之能保持理想的雄雌比例，平时要尽量做到及时记录雄雌蝎的转入、转出情况，以便准确了解和合理控制繁殖群的结构。

单养放对者，在交配结束后，宜将雄蝎及时转移出去。没有继续留种价值的雄蝎要及时淘汰。

有的雌蝎在交配结束后还会接受其他雄蝎交配，但交配次数过多的雌蝎会发生死亡。死蝎要及时清除或收集起来进行加工处理。

2.孕蝎的饲养管理要点

（1）单只饲养：群养群配的怀孕雌蝎也要及时挑出来转为单养（图5.17）。

雌蝎在妊娠后期，伴随着体型改变，行为也开始发生改变，如活动频繁而食欲减退，找到僻静的场所后静伏不动，这就预示着它即将分娩。务必要将临产的孕蝎实行单养，以利于产仔和提高仔蝎成活率。

单养的方式有多种，传统的做法是用土坯、木板、混凝土等材料做成具有多个独立蝎窝或栅格的集合体，

图5.17　临产蝎单只独孕饲养杯

每个蝎窝或栅格的大小只要能容纳下1只雌蝎并留有不大的活动空间即可，这种饲养方式的优点是设施造价低、节约空间，缺点是干扰大、不便于精细管理。孕蝎也可采用单杯饲养，优点是便于管理操作、仔蝎成活率高。但占据空间大，蝎房利用率较低。

（2）加强对环境温度、湿度的控制：胚胎发育适温为30～38℃，低温不利于胚胎发育，可导致妊娠期延长或胚胎产前死亡，若孕蝎长期处于24～28℃，就易造成受精卵发育受阻、发生难产或产出大量死胎（浅黄色颗粒）（图5.18）。

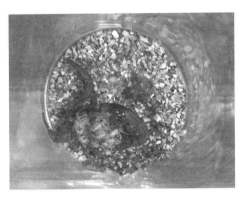

图5.18　低温导致孕蝎产出的死胎颗粒

孕蝎适于在空气相对湿度70%左右、蝎窝土含水量5%～10%的环境中生活，湿度过大可致胚胎发育停滞，蝎窝土湿度低于3%则引起胚胎死亡。

（3）加强孕蝎营养：喂给适口性好、营养丰富的鲜活饲料虫。一次只投放1只饲料虫，吃完后再投放1只，直至吃饱为止。

（4）保持环境安静：以防孕蝎受到惊吓而发生流产。

3.产仔期和负仔期蝎子的饲养管理要点

（1）单只饲养，方式与孕蝎相同。群养不利于雌蝎产仔和新生仔蝎的存活与蜕皮。

在同一蝎群中，不同的幼蝎并不会完全同步地蜕皮，蝎群越大或蝎子的密度越大时，不同个体蜕皮时间的差异也会越大，这样就易发生正在蜕皮或无力自卫的幼蝎被正常活动的蝎子捕食的现象（图5.19）。因此，产仔期和负仔期蝎子要单只饲养。

（2）记录产仔日期、仔蝎数量。

（3）产仔和负仔期雌蝎及其仔蝎在此期间不摄食、不饮水，故一般不需投食和供水；若发现有蜕皮后数天的2龄蝎子下背寻食，可以考虑投喂一点幼嫩的小虫供其捕食。

（4）加强环境控制，以利于1龄蝎蜕皮。从雌蝎产仔到母仔蝎分离，持续10～12天，在此期间，要求产房内气温控制在30～38℃，昼夜温差不超过5℃；空气相对湿度以70%～80%为宜，蝎窝土湿度

图5.19　其他蝎子捕食正在蜕皮的幼蝎

10%～15%。在上述温度范围内，温度越高，雌蝎的产程越短，仔蝎爬到母蝎背上也越早、蜕皮越顺利、成活率越高。

室温为32～38℃时，雌蝎产仔只需数分钟，30℃则需15～20分钟，18～24℃常致雌蝎发生难产乃至死亡。室温在35～38℃，新生仔蝎在1分钟左右即可爬上母蝎背，在25～30℃则需3～5分钟；上背越早，成活率越高。雌蝎在30℃以下产仔时，会使产出的软胎增多，新生仔蝎上背困难，死亡率也高。

蝎房内可经常放置一盆洁净的清水，使其与室温相等，一来参与环境湿度的维持，二来在必要时用于提高蝎窝里垫土的湿度。在仔蝎

蜕皮的过程中，若发现蝎窝（瓶）里的土过于干燥时，不要急于向土中滴水，以免雌蝎感受到来自环境变化的刺激发生骚动而干扰仔蝎蜕皮。待仔蝎全部蜕完皮之后，再滴入与室温相同的清水。

（5）保持环境安静，以防负仔期雌蝎受到惊吓后弃仔、食仔。正在产仔的雌蝎受惊后也会弃仔而逃，待平静下来后虽能继续再产，但仔蝎的成活率低。惊扰还会导致新生仔蝎不能爬到母蝎背上甚至远离母蝎，使其被后者或其他蝎子吃掉的风险增大。

（6）对蜕皮前离开母蝎背的落地仔蝎要实行人工救助，可借助于公鸡尾羽、鹅羽、软毛刷、毛笔将其轻轻地扫到窄纸条上，再转移到母蝎背上；否则，迟迟不能返回母蝎背的仔蝎会被母蝎吃掉或不能蜕皮而死亡。

2龄蝎的早期阶段虽然还没有离开母体独立生活的能力，但在蜕皮后5～6天，就有仔蝎会从母蝎背上下来围绕着母蝎活动并尝试吃东西，时间可能持续24小时以上，随后还会返回母蝎背上，这是正常的现象，母蝎一般也不会干预（图5.20）。

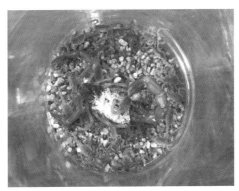

图5.20　2龄蝎尝试下母蝎背活动觅食

（7）仔蝎在出生后10～15天离开母蝎开始营独立生活。当仔蝎全部下背后，要及时地施行仔蝎与母蝎的分离。幼蝎体小质嫩，人工分离时要小心操作，切勿造成损伤（图5.21）。

4.恢复期雌蝎的饲养管理要点　由于有的经产雌蝎在负

图5.21　刚刚母子分离后的待育肥2龄蝎

仔期过后会再次接受交配，因此，可把恢复期雌蝎转为配种期雌蝎进行管理。在此情况下，跟群养群配条件下的已孕雌蝎一样，确已处于怀孕中的恢复期雌蝎在面对寻偶的种雄蝎时，自然会拒绝交配并能成功地躲开雄蝎的纠缠，也不会对发育早期阶段的胚胎产生不利的影响。但是，发现实行单养的恢复期雌蝎与雄蝎激烈咬斗时，要将后者及时移出，以免受到其伤害。

为了便于管理，应把恢复期雌蝎收容在专门的养殖区内，不要与青年雌蝎混养在一起；工作的重点是满足其营养需要，使之尽快复壮而能顺利地承担起再次孕育胚胎的重任。

5. 2龄蝎的饲养管理要点　2龄蝎处于生长发育最关键的时期，往往因不能顺利蜕皮而死亡，因而幼蝎的第二次蜕皮被称为人工养蝎的"瓶颈"。2龄蝎的饲养管理重点在于以下4个方面。

（1）合理搭配饲料，保证营养全面充足。由于健壮的体质是幼蝎顺利蜕皮的基础，所以必须保证2龄蝎能够吃饱喝足，使之具有良好的体质；否则，即使其他条件都相当完备，2龄蝎也难以通过"蜕皮关"（图5.22）。

图5.22　2龄蝎子育肥完成后待蜕皮

在良好的温室饲养条件下，2龄蝎通常每隔4天吃1只3龄期的黄粉虫，一般经过50天左右蜕皮。因此，要为2龄蝎昼夜不间断地供应适宜的饲料虫，任其自由采食，使之获取充足的营养以促进正常发育。饲料虫要放进浅盘中，这样既便于养蝎采食，又可防止饲料虫逃逸或钻入蝎窝土中（图5.23）。

如果饲料供应不足或质量

图5.23　2龄蝎觅食

差、个体的采食能力差，都会造成2龄蝎营养不良，从而导致生长速度缓慢，蜕皮时间延迟，有的个体可能延后3个月之久；营养极度缺乏会导致幼蝎饿死或病死。

（2）蝎群密度适宜，保持环境安静。合理的饲养密度能保证幼蝎都有机会采食，有利于避免群内相残现象发生，也可防止死亡风险极高的蝎窝外蜕皮现象发生。放养密度越小，幼蝎的发育速度越快，蜕皮期间的死亡率也越低。在一般情况下，2龄蝎的放养密度以4 000～5 000只／米²为宜。

（3）环境温度和湿度要适宜，确保能促进正常发育和适于蜕皮。在环境温度保持27~35℃、昼夜温差不大于5℃和土壤湿度10%～15%、空气相对湿度70%～80%的条件下，幼蝎

图5.24　2龄蝎蜕皮

能正常地活动和摄食，快速发育，实现顺利蜕皮（图5.24）。温度过高不利于幼蝎蜕皮；若发现幼蝎明显趋向潮湿的地方蜕皮，表明环境过于干燥。但是，若环境湿度过大，将会使幼蝎遭受霉菌的侵害。

对幼蝎危害最大的两种温湿度组合是低温低湿和低温高湿。蝎子在低温环境中，活动量大幅度降低，不利于采食和体内食物的消化代谢，而蝎子体内水的代谢与温度密切相关。所以，幼蝎长期处于低温低湿环境中，采食和发育受到抑制，机体也易失水，导致体质不好而发生蜕皮障碍，轻者蜕皮过程延长，严重者不能发生蜕皮或在蜕皮过程中发生死亡；低温高湿不仅易使幼蝎遭受真菌侵害，更易造成消化不良，致使大量幼蝎死于腹胀（大肚子病）。

（4）及时转移出3龄蝎。这样可避免蜕皮后体力早已恢复或部分恢复的强势个体与弱势个体如蜕皮前活动力差、正在蜕皮、蜕皮后体质软嫩的3龄蝎、尚未蜕皮的2龄蝎相遇的机会，尽量降低处于相对弱

势的幼蝎的死亡率。

　　6.3龄蝎的饲养管理要点　温室养殖的3龄蝎，生长期平均为51天，其脆弱性与2龄蝎差不多，饲养管理上出现任何疏漏都易影响它们的发育甚至引起死亡。饲养管理要求与2龄蝎基本相同，饲养密度以每平方米3 000只为宜。3龄蝎对污浊空气的抵抗力差，故需特别注意保持室内空气清新，否则会导致死亡（图5.25）。

A　　　　　　　　　　B　　　　　　　　　　C

图 5.25　不同时期的 3 龄蝎
A. 刚蜕皮后的 3 龄蝎　B. 育肥中的 3 龄蝎　C. 育肥后的 3 龄蝎

　　7.4～6龄蝎的饲养管理要点　尽管4～6龄蝎仍属幼蝎，各龄蝎的生长期只有50～60天，但抗逆力和独立生活能力已越来越强，容易生存，对饲养管理产生的压力比2～3龄蝎相对较轻。饲养管理工作的基本要求和主要内容有以下几个方面。

　　（1）分龄饲养。按蝎子的龄期组群分龄饲养，龄别不同的蝎子不得混养。

　　（2）饲养密度不要过大。一般按4龄和5龄蝎1 500～2 000只／米²，6龄蝎1 000～1 200只/米²投放。依蝎窝的形式酌情掌握。降低饲养密度有利于促进其生长发育，杜绝蝎窝外蜕皮，提高幼蝎成活率。

　　（3）执行合理的饲喂制度。每天傍晚投放一次饲料虫；饲料虫的龄期以比蝎龄大1龄为宜。投放量依当天早晨的饲料虫剩余情况，根据"剩1（条）减1（条）、缺加1成"的原则确定，尽量做到次晨略有剩余。早上剩余的饲料虫宜撤出，以利于蝎子养成定时定点采食的习惯和保持旺盛的食欲。

　　（4）室内温度要保持在25℃以上。

　　（5）保持空气清新。跟3龄蝎一样，4龄蝎对空气污染异常敏感且反应非常强烈，温室内空气质量差会使死亡率升高，宜加强微风换气，改善空气质量。温室内的气温较高，污浊的空气成分随着向上升的热空气通过天窗排出是最佳的换气方式，它不会产生剧烈的气流，因而不会对蝎子造成干扰。在低温季节，温室内换气最好在无风的中午进行。

（6）发现死蝎、死虫要及时清除，防止被蝎子摄食或造成环境污染。

六、　　蝎子生产的经营管理

在我国分布的蝎子有10多种。其中，东亚钳蝎的入药历史相当久远，近30年来又成为餐饮行业里的高档名贵食材，市场需求量逐年增大，野生蝎资源已越来越少。无论是从保护东亚钳蝎这个物种的角度去看，还是为了满足人们对蝎产品与日俱增的需要，发展人工养蝎均越来越显得重要。近20多年来，已有不少人涉足蝎子人工养殖领域，积累了大量的宝贵经验，也提出了许多值得继续进行深入探讨的研究课题，为发展我国的养蝎事业做出了巨大的贡献。作为养蝎的创业者，只要遵循蝎子生产经营管理的基本规律，认真地学习和借鉴同行的成功经验，勇于实践，积极地进行探索和科学创新，力争实现多生、全活、全壮、高产、低耗、畅销，就能使自己的事业不断地稳步发展壮大；一旦时机成熟，及时地由粗放型经营向集约型、高科技型转变，进一步把养蝎事业做大、做强。

（一）蝎子生产的经营管理及其重要性

纵观养蝎业的发展历程，众多经营者的生产规模大小不一，经营模式多种多样，养殖技术各有千秋，成败得失也不尽相同，经济效益更是千差万别。养蝎者的成功或失败固然有着各自的具体原因，但不管其原因是涉及生产条件、养殖技术、资金实力还是产品销售等，都与企业的经营或管理有关。

经营是企业进行市场活动的行为，直接目标是盈利，重点在于生产和产品营销，即要利用资源来增强企业实力和扩大企业影响，就要积极进取，抓住机会，胆子要大；管理工作的目标是保证有钱可赚，工作的重点是对内部资源进行整合和建立秩序，管理的对象是人，追求的是效率，要节流，要控制成本，要理顺企业内部的工作流程，避免出现问题，出现问题能妥善地解决问题，这就要求行事谨慎稳妥，要会评估和控制风险。经营和管理工作做好了，就能使人、财、物各种要素都能得到充分利用，合理地组织生产，使供、产、销各个环节相互衔接，密切配合，以尽量少的人力和其他资源消耗，生产出更多的蝎产品并将产品变成收入。换句话说，只要经营管理不出现失误或失误很少，经营得好，企业就能生存和发展，管理得好就能提高效率和降低生产成本，规模小者可以发展壮大，问题频出者可以转危为安，产品滞销者可以开辟出市场，经济亏损者定能扭亏为盈。随着市场经济的发展和养蝎经验的不断积累，养蝎的人越来越多，为了使养蝎事业稳步健康地发展，不断提高经营管理水平就应成为人工养蝎者不可忽视的目标。

简而言之，养蝎生产的经营管理工作贯穿于整个生产过程和产品营销活动中，从项目规划开始，经过项目的落实和组织实施，直到产品进入市场，各个环节都与经营和管理有关，只要每个环节都能正常运转，企业的成效自然就能达到理想的水平。

（二）项目规划

1.立项前的考察

（1）市场考察：要花费一定的时间进行市场考察，对当地乃至更大范围内蝎产品的市场需求量、销售对象、销售渠道了解清楚，做到心中有数，才会有助于做出符合自己情况的选择。

（2）蝎子的种源考察：在需要从现有的养蝎场引进种蝎前，务必要进行蝎子的种源考察，货比三家，有利于安全、可靠地获取种蝎，尤其可避免在外购种蝎时落入炒种陷阱。

新建的养蝎场，外购种蝎或蝎苗是实现早投产、上规模最便捷的途径。引种前，要多考察几家养蝎场，仔细比较它们的生产规模、养殖条件、蝎群结构、接待购种客户的方式等，从其生产实力与信誉等方面判断种蝎的质量。

1）看生产规模：看养蝎场全年商品蝎生产量、每批商品蝎生产量及其占用面积。对于立体养蝎场，要看饲养设施的养蝎层数，以计算其总的有效利用面积。从待售商品蝎的暂养面积和全年的生产批量，可大致估算出一个养蝎场全年的商品蝎总产量，待售商品蝎的暂养面积约为1米²/千克；考虑到蝎房的周转利用因素，在全年连续生产的条件下，一个年产1吨商品蝎的饲养场，待售商品蝎的暂养面积应有500平方米左右。

2）看养殖条件：目的是了解该场生产管理的规范程度，应优先考虑恒温养蝎的场家，重点要看供暖设备的加温能力能否达到35℃以上；否则，就不可能保证蝎子在冬季进行繁殖，也就是说，一年只能繁殖一次了。

3）看蝎群结构：可由此判断该场生产情况的真实性，避免被炒种者套住。首先要询问该场一年能生产多少成蝎，在此基础上考察该场养蝎的群体结构，依据1只雌蝎的一胎产仔数计算在养的2～3龄蝎子的总数与非产仔期经产雌蝎数的比例是否合理，由此可验证该场种蝎的繁殖情况是否正常以及是否从外边收购蝎子用于展销的现象。接着，要看一下该场的养蝎效果，在常温养蝎的条件下，蝎子的生长期为26～27个月，那么，一个建场史超过3年的饲养场，在每12个月内就应有45%的蝎子成为商品蝎。所以，在养的1～6龄蝎子的即时总量应大于全年商品蝎总产量的45%，任何时候都应符合这一大致比例；恒温养殖的蝎子，这一比例应为80%左右。如果待售成蝎所占的比例很大，就难免有"购蝎炒种"之嫌了。

4）看接待购种客户的方式：在没有预约的情况下，你看到的接待场所非常气派，接待人员多而且都是在忙于处理购种蝎的业务，只给客户介绍养殖场的养蝎情况而拒绝客户进行生产现场考察等，就需考虑其种蝎生产的真实性了。也有的炒种者会向客户展示大量的"购种者"发来的"感谢信"，并会主动给你提供一些"购种者"的联系电话，此时你唯一需要做的就是"实地跟踪探访"而不是"电话随访"，只有这样才能了解到真实情况并对供种者的信誉度做出客观的评价。

（3）养蝎史与生产现状考察：在考察种源之外，对其他的养蝎者进行走访，旨在了解养蝎生产的过程以及他人在养蝎中积累的经验和遇到的问题，以便在进行决策时参考或在以后的养蝎生产中借鉴。

（4）了解蝎子的生理特性：我国地域辽阔，各地的自然条件差异很大，有的地方根本就不适于野生蝎子生存，对人工养蝎所需的温度和湿度条件的控制会相当困难或成本极高。因此，对当地的气候条件也应有足够的了解。

（5）蝎子的不同生理状态：不同生理状态或生活阶段的蝎子，生活习性存在一定的差异，在饲养管理上有不同的要求。因此，为了便于在制订规划时对蝎群结构进行充分了解、对养殖效益进行预测和对设计的养殖规模进行评价，也便于在实践中合理地组织生产和进行蝎子的管理，有必要根据生理状态对蝎子进行分类。蝎子的类别可以分为以下几种：

1）成蝎：指完成6次蜕皮后的蝎子，又称7龄蝎。不作种用的成蝎，不管生活期已有多久，均应及时地作为商品蝎进行处理。

2）非繁殖期雌蝎：指成蝎中留作种用但尚未放对交配的雌蝎。

3）配种期雌蝎：指已与种雄蝎放对的雌蝎（只与配偶蝎同处）或按一定比例与雄蝎混养在一起的群养雌蝎。

4）孕蝎：在交配后的一定时间，前腹部逐渐变宽、粗隆、体型发生明显变化的雌蝎为孕蝎（图6.1）。为了提高繁殖效率，原则上可把已知接受过交配或放对后已满4周的雌蝎均视为孕蝎，但后来确认为未怀孕者，要及时转为配种期雌蝎进行管理。

图6.1　孕蝎

5）产仔期雌蝎和负仔期蝎子：顾名思义，产仔期雌蝎是指正在产仔的雌蝎，负仔期是指雌蝎从仔蝎产出后至仔蝎下背之间的生活期。然而，广义上的负仔期蝎子不是仅指负仔的雌蝎，而且也包括未下背的仔蝎，这是由于雌蝎及其背上尚不具独立生活能力的仔蝎在此阶段内对环境的要求相同，故在管理上可将二者看作一个整体。但是，在小蝎的发育阶段，仍要依蜕皮为准绳，把处于雌蝎背上的蜕皮前后的小蝎分别称为1龄蝎（仔蝎）、2龄蝎。

6）恢复期雌蝎：指已结束负仔期的雌蝎。在恢复期，体内的滞育胚胎被激活而开始发育，经产雌蝎实际上处于再次怀孕的早期阶段。

7）仔蝎：本义是指1龄蝎，但习惯上泛指出生后趴在雌蝎背上、不具独立生活能力的小蝎，亦即第一次蜕皮前后未脱离母体的小蝎，从个体发育阶段上讲，包括1龄全期和2龄的头几天。

8）幼蝎：2～6龄蝎的统称。其中，2龄和3龄蝎又称作中蝎，4～6龄蝎称育成蝎（或青年蝎）。中蝎娇嫩，比育成蝎难养。

（三）员工管理

1.分工与职责　规模较大的养蝎场的员工包括管理人员（企业负责人、财会人员）、饲养管理人员（养蝎人员、饲料虫养殖人员）、物资采购人员、产品销售人员、其他人员（水电维修人员、司机等）。各类人员的数量要依企业的规模和实际需要而定，能聘用兼职人员的岗位尽量不设置专职人员，但该岗位的工作要有固定的兼职人员来承担。

对于饲养管理人员来说，本职工作就是进行动物的饲养和管理。其中，观察动物生活环境的状况是正确进行饲养管理操作的前提条件，观察的主要内容有环境温度、湿度、光照、空气质量、通风换气情况以及饲料的余缺情况等。

2.技术培训　全部在岗人员都要熟悉自己的工作内容，并在实践中不断地进行自我检查并与相关人员进行交流，及时发现问题，解决问题，总结经验。企业内部要定期或不定期地组织相关的培训活动，不断提高职工的业务技能和素质。

3.建立制度和激励机制　企业规模不管大小，都要有规章制度，使全体员工能自觉地规范个人的行为。制度的作用不只是"约束"，更重要的是要调动员工的积极性，使每个人都树立起爱岗敬业的观念，让每个人都能时时事事为企业的发展着想并做出自己的贡献。

（四）资金规划

资金支出包括企业经营所需花费的全部现金和以金钱计价的全部投入。支出的总和即为成本。资金支出大体上有以下6个部分。

1.土地租金　土地租金即场地租赁费。非租赁的土地也需折算租金，因这块场地若用于其他项目也会有收益，而现在用于养蝎实际上是占用了该土地的收益。不以现金支出的土地租金在财务核算时以折旧费的形式计入成本中。

2.设施与设备购置费　设施与设备购置费包括房舍建造费用和各种生产物资的购置费。房舍建筑费和大型、耐用设备购置费在财务核算时以折旧费的形式计入成本中。

3.工资　工资包括实际支付的员工工资（含奖金、福利费）和不领取报酬的家庭从业人员的"账面工资"。不领取工资的家庭从业人员的人力付出也应计算工资成本，因为在家庭企业内参加劳动的人在创造财富的同时也要吃饭和消费，这些消费应在税收和企业经济效益核算方面得到体现。

4.生产性支出　生产性支出包括饲料费（主要是饲料虫生产的支出）、水电费、燃料费、设备日常维修费用等。

5.销售成本费用　产品销售活动的成本费用包括广告费、物流费、业务电话费等。

6.管理费　管理费包括全部的非生产性支出，如办公用品购置费、管理性电话费、不是用于生产的车辆费用及差旅费、招待费等。

此外，在规划资金的支出情况时，还应准备经营所需的流动资金。流动资金是供一个生产经营周期（比如每生产一批可立即销售的成蝎所需的时间）内可随时使用的资金，包括支付工资、购买原材料（动物饲料、燃料等）和低值易耗品（包括日常易损或必需的常用小件工具、卫生用品）等所需支付的费用以及用于其他不可预测的支出即不可预见费（可在上列6项支出总额的基础上按预估的百分比准备，一般可按5%左右预留）。流动资金直接为企业的经营服务，流动资金越充足，企业的支付能力和抗风险能力越强，也越有利于资金周转，而资金只要有周转就有赢利的机会。

七、 仿生态大田养蝎技术

在我国人工养蝎自20世纪50年代兴起，长期以来常温养蝎所占的比重很大。传统常温养蝎方式历经池养、缸养、盆养、房养、瓶养、箱养、架养、山养和近年兴起的鸡蛋托养殖等，传统常温养蝎因其设备简便、技术简单、管理方便、上手容易，为很多初学养殖者所采用，然而因其成活率不高、产值效率低下等缺点，必将逐步退出历史舞台（图7.1）。

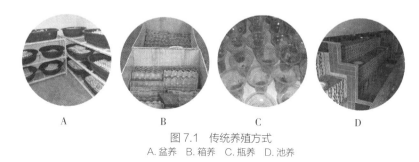

A   B   C   D

图 7.1 传统养殖方式
A.盆养 B.箱养 C.瓶养 D.池养

全新的常温养蝎模式——仿生态大田养蝎技术，是由历经30余年养蝎历史并且经验丰富的登封立诚养蝎场创始人李全立先生发明创造，从而极大地降低了人员劳动强度和提升了商品蝎的产量产值。

本部分我们就仿生态大田养蝎模式的场地规划、引种时间、蝎子生活方式以及四季的管理展开详细介绍。

（一）场地规划

大田养蝎模式是仿生态规划建造，等于让蝎子回归了大自然，从而大大提高了成活率，与此模式比较相近的山养模式，因其成本高、管理采收难度较大，故不便大面积推广应用。

　　大田养蝎模式首先要规划设计出一种新型的农田仿生态养蝎池。它是由冬眠区、蜕皮区、产仔区、活动觅食区组成，其特征在于：冬眠区设置在水平面下方的天然土壤上，蜕皮区设置在冬眠区上方，产仔区设置在蜕皮区上方，活动觅食区设置在产仔区上方（图7.2~图7.5）。

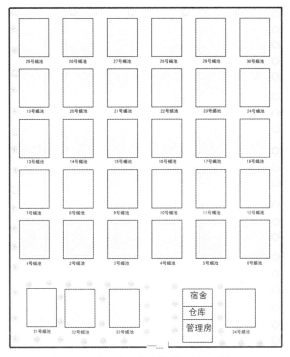

图 7.2　全蝎大田养殖模式平面示意图

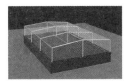

图 7.3　大田养蝎模式整体外观和布局　　　　图 7.4　大田养蝎模式实景图

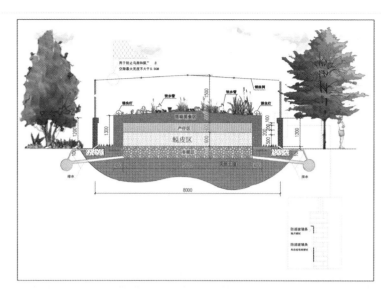

图 7.5　大田养蝎模式内部结构断面示意图

　　冬眠区下部设置有排水装置；活动觅食区上部设有防护网，防护网的网眼直径不大于0.5厘米。

　　冬眠区内部的填充材料为风化石或烂瓦片与黏土混合物（图7.6），该冬眠区中间用泥巴隔开，保证上下有10%~20%的空隙作为通道；蜕皮区内部的填充材料为用黏土垒砌的烂瓦或片石，烂瓦或片石之间应保证大量水平方向的空隙上下相邻之间用泥巴隔开，隔开面封闭空隙比例不大于15%；产仔区内部的填充材料为碎烂的多孔砖或烂瓦，碎烂的多孔砖或烂瓦掺黏土分层垒砌，碎烂的多孔砖或烂瓦中间有大量水平方向的空隙；活动觅食区四周以石块采用黏土泥浆垒砌而成，顶部以黏土封顶并在外表覆盖 1 / 2 面积的片石，顶部黏土下部用碎石及红瓦碎片掺黏土分两层堆积，并

图 7.6　预制土质蝎蜂窝状蝎窝示意图

保持20%～35%的空隙，中部3/4的
面积用防水塑料隔开，便于雨水向四
周排出，中部1/4的面积为上下通
透，便于蝎子钻入下面的产区。

所述的活动觅食区表层可以设
置饮水管、绿植及诱虫灯。

仿生态大田养蝎池采用一些建
筑废料等就可以完成搭建，使废弃建
筑瓦砾得到了很好的利用，减少了环
境的污染，降低了养蝎成本，提高了
养殖蝎子的经济效益，便于规模化养
殖及大范围推广（图7.7）。

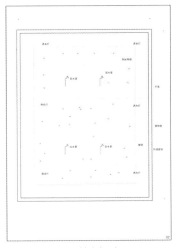

图7.7　单个蝎池平面

（二）引种时间

仿生态大田养蝎的引种时间一
般安排在春末夏初或秋季。这是由蝎
子在一年四季中的活动情况决定的：
初春蝎子刚出蛰，未大量活动，体力
尚未恢复，盛夏进入产仔时节，冬季
气候寒冷；而春末夏初和秋季，无论
是从气候还是蝎子活动情况来看，都

图7.8　仿生态大田养蝎投放种蝎

是运输的大好季节。另外，春末夏初即将进入繁殖期，便于当年产仔，
提高养蝎经济效益（图7.8）。

（三）蝎子在一年中的生活方式

蝎子属变温动物，具有变温动物
的特性，即蝎子在一年中会随季节的气
温变化而表现出不同的生活方式。具体
来说，我国大部分地区在常温下蝎子一
年中的生活可分为4个时期（图7.9）。

1.复苏期　复苏期指3月下旬至4
月中旬，处于休眠状态的蝎子开始苏醒

图7.9　蝎子常温状态四季生活周期

出蛰。

惊蛰以后，气温回升，蛰伏的蝎子陆续复苏出蛰活动。由于早春气温偏低，昼夜温差大，蝎子的活动时间不长，活动范围也不大，除了白天外界气温转高时出穴活动外，夜间很少出窝活动。这个时期，蝎子的消化能力很差，凭借书肺孔吸收大气或土壤中少量的水分，利用体内贮存的营养维持生命。

2.生长期 4月中旬至9月上旬是蝎子生长发育和交配产仔的时期。

清明以后，气候逐渐变暖，蝎子的活动范围和活动量不断增大，消化能力随气温升高而不断增强，蝎子的生长发育和交配产仔大都在这个时期进行。每年的6月下旬至8月底气温较高，蝎子活动最活跃，生命力也最旺盛，这是蝎子生长发育的高峰时期，也是蝎子交配产仔的最佳时期。

3.填充期 9月中旬至10月中旬是蝎子入蛰休眠贮存营养的时期，俗称填充期。秋分以后，气温逐渐下降，蝎子食量增大，进入捕食高峰期，蝎子尽量吃饱肚子，把获得的营养贮存起来，以便供给休眠和复苏消耗。这个时期，雌蝎刚产过不久，体瘦身弱，应做好育肥复壮工作。

4.休眠期 10月下旬至翌年3月下旬，蝎子入蛰休眠。秋末冬初，蝎子停止采食，开始休眠。这一时期，蝎子的生长发育完全停止，处于蜷伏休眠状态。休眠时，蝎子不食不动，体内活动微弱，新陈代谢水平很低。

（四）蝎子的四季管理

常温养殖时，可根据蝎子在一年中的生活方式，结合本地区四季气候变化而适时地进行饲养管理。

1.春季管理 "过冬容易过春难，冬蝎难过春亡关"。这是常温养蝎的经验之谈。所谓"春亡"，是说经过入蛰休眠的蝎子在翌年春天复苏的时候容易死亡（图7.10）。

图7.10 初春蝎子复苏觅食

（1）造成蝎子"春亡"的原因主要有以下几个方面。

1）填充时期饲料缺乏，蝎子未能很好地补充好营养。

2）越冬期间，蝎窝内气温偏高，引起蝎子躁动不安，体内贮存的营养过早消耗殆尽。

3）越冬期间蝎窝内湿度过大，气温偏低，在低温高湿环境下，蝎子容易发病。

4）越冬期间蝎窝长期过于干燥，造成蝎子慢性脱水。

5）蝎子出蛰时，营养供应跟不上。

（2）管理方法：为了避免"春亡"的现象，除加强冬季管理外，还应加强蝎子春季的管理。谷雨后蝎子开始出蛰，应从以下几个方面加强管理。

1）对刚出蛰的蝎子不宜过早投喂饲料虫。因为早春气温偏低，蝎子刚复苏，消化能力很弱，而且在休眠期间一直未排泄。过早投喂饲料虫，容易引起腹胀等疾病。

2）晚春时节，随气温的升高，蝎子活动能力增强，此时需要投喂适量的饲料虫，以满足其生命活动的需要。

3）开始投食后，投食量要由少到多逐渐增加。

4）由于春季气温忽高忽低，要注意蝎窝的防寒保暖。

5）注意调节环境湿度。

2.夏季管理 芒种以后，温度上升到25℃以上，蝎子进入生长发育时期，这时蝎子食量大增，消化能力也明显提高。这一时期要增加饲料虫的投喂量，并保持蝎子活动场所的湿度适宜（图7.11）。

图7.11 食量大增，生长良好的蝎子

夏至以后，各龄蝎子进入生长发育最旺盛的时期，孕蝎进入体内孵化后期，并开始产仔。这一时期是一年中气温最高的时期，也是蝎子生长和繁殖的关键时期，管理上应注意以下几点。

（1）满足蝎子对营养的需求，全方位高密度投喂适口性强、营养丰富的组合饲料虫。

（2）保持蝎池清洁，及时清理死亡的饲料虫。

（3）保持蝎窝及活动场所的湿度适宜。

（4）创造合适的环境，保证成雌蝎正常生活，以利于胚胎的发育。

（5）搞好种蝎的繁殖工作，适时进行大、小蝎子的分离。

3.秋季管理　秋分以后，进入多雨季节，有时还会出现阴雨连绵的低温高湿天气，会影响蝎子的生长发育。而这一时期，蝎子正处于入蛰前的准备阶段，食量增大，代谢水平较高，以便把摄取的营养贮存起来，为休眠做准备（图7.12）。此期在管理上应注意以下几点。

图7.12　秋季蝎子继续大量储备过冬

（1）调控环境温度和湿度。蝎子栖息场所湿度不可过大，若过于潮湿，可适量撒一些干燥的风化土进行调节。室内养殖的可打开门窗，通过空气流通来降低环境湿度。

（2）加大供食量，做到宁余勿缺。

（3）强化饲养繁殖后的雌蝎，使其尽快得到恢复。然后把相当于雌蝎数量1/3的强壮雄蝎放进雌蝎池中，使其交配，为来年高产奠定基础。

4.冬季管理　霜降以后，随着温度的急剧下降，蝎子停止活动和采食，开始休眠（图7.13）。蝎子安全越冬需满足以下条件。

（1）冬蛰前吃饱养肥，体内贮存足够的营养。

（2）休眠温度应控制在2～7℃（休眠期间温度长期偏低，蝎子易冻死；温度长期偏高，蝎子休眠不踏实）。

（3）蝎窝的土壤湿度以10%左右为宜。湿度过大会减弱蝎子的耐寒性和对疾病的抵抗力；湿度过小会引起蝎子慢性脱水，导致蝎子复苏后大量死亡。

（4）注意蝎窝的防寒保暖。用稻草或纸板将蝎窝围起

图7.13 冬眠期蝎子蜷缩在一起

来，并要经常检查，堵塞缝隙，以防寒风入侵。

（5）不要经常翻动蝎窝，保持环境安静，减少对休眠蝎子的干扰。

（6）防止天敌侵入蝎窝。蝎子休眠期间，老鼠往往钻入蝎窝将蛰居的蝎子咬死或拖走，更严重的是老鼠在蝎窝内定居下来后，会吃掉全池的蝎子。所以，休眠期间要加强防鼠、灭鼠工作。

八、　恒温单脱养蝎新技术

（一）恒温单脱养蝎新技术介绍

常温下，蝎子的生长周期为3年左右，时间极其漫长。究其原因，主要是蝎子这种变温动物对生存环境的温度要求极其严格。在诸多生态因素中，温度是第一制约因素，它对蝎子的机体活动起着决定作用。我国大部分地区每年日平均气温在30℃左右的时间仅有100天左右，而利于蝎子生长发育的适宜温度为25~39℃。虽然蝎子出蛰至入蛰有6个多月时间，但刚出蛰后1个月左右和入蛰前1个月左右，由于外界气温较低，蝎子生长发育会受到抑制，基本处于停滞状态。累积计算，蝎子在3年生长期中的实际生长发育时间仅有11个月左右。如果能人为地消除蝎子的冬眠习性，使蝎子不冬眠，就意味着蝎子生长周期的缩短，经济效益就会大幅度提高。

我们根据蝎子的生物学特性，总结蝎子生长发育规律，在多年常温养蝎实践的基础上，通过人为控制温度，创造适宜蝎子生长发育的恒温环境，从而使蝎子不冬眠，全年处于机体活动的最佳状态。并且通过单脱蜕皮工具使蝎子在即将蜕皮的时候进入独立的空间，有效提升了蝎子蜕皮成活率和产出率，这就是蝎子恒温单脱养殖新技术，图8.1为恒温单脱蜕皮器。

恒温单脱养蝎新技术和传

图8.1　恒温单脱蜕皮器

统的常温养蝎比较，有很大的优势，主要表现在3个方面：第一，解决了常温养蝎时易出现的"冬蝎春亡"问题，避免了蝎子出蛰时大量死亡，大大提高了蝎子的成活率；第二，极大程度地缩短了蝎子的生长周期，将蝎子的生长周期缩短到10个月左右，比常温养蝎缩短了30个月左右；第三，增加了蝎子年繁殖次数，将繁殖次数由常温下的1年1次增加到2次；第四，有效提升了蝎子蜕皮成功概率，杜绝了蜕皮期蝎子的弱肉强食现象，提高了产量。

（二）养殖设施

恒温单脱养蝎需要特定的条件——温室。

使用的温室必须符合下列四项原则：第一，经济实用；第二，具备加温和保温的条件；第三，能保持较好的通风条件；第四，结构科学合理，便于管理（图8.2）。

图8.2　恒温养殖温室

下面介绍两种温室，供养殖户选用。

1.旧房改造　经济实用是建造温室的原则之一，所以无条件新建温室者可把空闲的房屋改造后使用。改造时，首先要堵塞屋顶及四壁缝隙、孔洞，把屋顶及四壁用塑料薄膜裹严，并用长木条固定。为利于加温和保温，可适当缩小室内空间，使改造后的屋顶距地面2米左右。地面要打一层混凝土或用砖铺好，以杜绝鼠害。然后在室内合理规划，修建蝎池。

改造后的蝎房可选用下列方法进行加温：

（1）火炕：将蝎窝建在火炕上，热量可通过土壤传递给蝎窝。利用火炕加温的优点是热能利用率高。缺点是上、下层温差较大，当下层温度过高时，会伤害在下层活动的蝎子。

（2）火墙：常见的火墙有两种，一种是将火墙建于房屋中央部位，蝎池环火墙而建；另一种是火墙紧贴房屋内壁建造，蝎池建于房屋中央部位。

（3）火道：火道紧贴房屋内壁下缘环绕一周。

2.太阳能地暖温室的建造　太阳能地板辐射采暖简称太阳能地暖，是一种以采集的太阳能作为热源，通过敷设于地板中的盘管加热地面进行供暖的系统，是太阳能作为热源与地暖作终端的结合体（图8.3）。众所周知，太阳能是取之不尽、用之不竭的能源。国家正在提倡节约型社会，节约能源是当今最主要的话题。因此，太阳能地暖温室是规模化恒温养蝎的不二之选。

图8.3　太阳能热能采集板

太阳能热水地暖系统采用温差控制循环、地暖管道循环、电辅加热三种结合的运行方式，系统全自动运行。无须专人看管、省时省力。

（1）温差控制集热循环：太阳能热水地暖系统中有集热器、温测器和水温感应器，集热系统吸收太阳能辐射后，集热管温度上升，当集热器温度和水箱温度水温差Δt设定值时，检测系统发出指令，循环泵将中央热水器中的冷水输入集热器中，水被加热后再回到水箱中，使水箱内的水达到设定的温度。当集热器温度和水箱温度温差接近平衡时，循环泵就停止，如此反复，使得水箱中的水温不断升高。

（2）地暖管道循环系统：增加一台热水循环泵，通过控制器控制地暖管道循环。当水温达到设定温度时，自动启动地暖循环泵，使高温水通过地暖盘管在室内循环，从而使室内温度不断提高。当水箱水温低于某一设定值时，自动停止地暖管道循环泵（图8.4）。

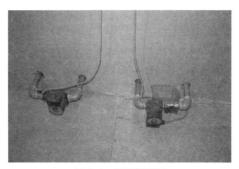

图8.4　地暖循环泵

典型的太阳能地板辐射采暖系统由太阳能集热器、控制器、集热泵、蓄热水箱、辅助热源、供回水管、关断阀若干、三通阀、过滤器、循环泵、温度计、分水器、加热器组成。

当蓄热水箱的供水水温大于50℃时，控制器就启动水泵，水进入集热器进行加热，并将集热器的热水压入水箱，水箱上部温度高，下部温度低，下部冷水再进入集热器加热，构成一个循环。当蓄热水箱的供水水温小于40℃，水泵停止工作，为防止反向循环及由此产生的集热器的夜间热损失，则需要一个止回阀。当蓄热水箱的供水水温大于45℃时，可开启水泵进行采暖循环。和其他太阳能的利用一样，太阳能集热器的热量输出是随时间变化的，它受气候变化周期的影响，所以系统中有一个辅助加热器。

当阴雨天或是夜间太阳能供应不足时，可开启三通阀，利用辅助热源加热。

蓄热水箱与集热器上下水管相连，供热水循环之用。蓄热水箱容量大小由太阳能地板采暖日需热水量而定。

太阳能集热器的产水能力与太阳照射强度、连续日照时间及背景气温等密切相关。夏季产水能力强，是冬季的4~6倍。太阳能地暖加温系统既是一种能量消耗系统也是能量生产系统，它具有节能、清洁与环保、可持续性好、便于热计量等特点，是一种绿色环保的加温方式。

（三）饲养管理

1.对饲养管理人员的要求　养蝎是一项技术性非常强的工作，应选择热爱养蝎事业，身体健康，且对工作积极负责的人员承担这项工作。对工作人员上岗前必须进行技术培训，使之熟悉蝎子基本生活习性和饲养过程中的每一个环节所需要注意事项。

饲养管理人员日常应做好下列工作。

（1）认真观察：饲养管理人员应经常进行观察，发现问题及时采取有效措施进行解决。

1）看环境是否正常：每天应观察蝎子生活环境的温度、湿度变化及相应的蝎群动态变化，调控光照，通风换气，检查饲料虫供应量是否恰当，并及时对出现的偏差进行修正。

2）通过观察，了解蝎子的健康状况：可进行"五看"。一看体色，健康蝎子体色鲜艳，光泽明亮；二看行动，健康蝎子对温度、湿度、光线等环境因素的变化反应灵敏，静止时后腹部卷于背上或屈于身体一侧，活动时腹部离地，爬行迅速；三看分布，健康蝎子白天栖息在垛体的缝隙内，一般不在垛体外，夜里活动时蝎群分布均匀；四看进食，健康蝎子食欲旺盛，捕食干脆利落；五看粪便，健康蝎子的粪便应为软而不稀的糊状物，色白或浅灰，若出现黑色或灰黑色粪便，则表明蝎子已出现病态。

（2）记录有关数据：蝎子的饲养具有长期性和连续性，在饲养过程中应不断吸取教训，总结经验，从中找出规律性的东西，指导养殖实践。数据是总结的依据，它主要来源于饲养管理工作中的详细记录。饲养管理人员要养成做记录的习惯。常用的记录表格见表8.1～表8.3。

表8.1　养蝎常规观察记录

内容 类别		时间			
温度（℃）					
湿度	大气（%）				
	土壤（%）				
	垛体（干、中、湿）				
光照					
通风					

续表

内容 类别		时间			
饲料		品种			
		供应量			
		采食情况			
加水		加水量（千克）			
	温度 变化 （℃）	加水前			
		加水后			
		降低			
	温度 变化 （℃）	大气	加水前		
			加水后		
			增加		
		土壤	加水前		
			加水后		
			增加		
噪声					
天敌					
活动					
死亡		数量（只）			
		原因分析			
第二天工作安排					
备注（随机记录）					

表8.2　蝎子产仔记录

类别		内容
产期环境	温度（℃）	
	大气温度（℃）	
	光线	
	通风	
	噪声	
孕蝎入产房	时间	
	数量	
	单房蝎子数（只）	
	单房投虫数（只）	
	产房土壤厚度（厘米）	
	产房土壤湿度（%）	
检查	时间	
	补充饲料虫	
	补充水分	
产仔	时间	
	已产雄蝎比例（%）	
	胎产仔蝎（只）	
	共产仔蝎（只）	
母子分离	第一次蜕皮时间	
	脱离母蝎背时间	
	母子分离时间	
	胎成活数（只）	
	胎成活率（%）	
	共成活仔蝎（只）	

表8.3　蝎子蜕皮记录

出生日期	蜕皮次数	蜕皮日期			生长天数
		最早	最晚	平均	
	一				
	二				
	三				
	四				
	五				
	六				

2.养殖前的准备工作

（1）建造蝎子育肥池：池养是较为理想的集中育肥养殖方式，在蝎子蜕皮后进行集中复壮喂养有利于提高养蝎管理效率（图8.5）。

图8.5　常见的两种育肥池

养蝎池用砖、水泥砂浆砌筑，内壁和上平面用水泥抹光，防止蝎子打洞外逃和天敌入侵。为了防止蝎子沿池壁上爬外逃，可在池子内壁上缘镶嵌15厘米高的光滑材料（玻璃条、光滑塑料板或镀锌铁皮等），光滑材料接口处用塑料胶带贴好。

（2）构筑垛体：池底夯实，铺上一层细壤土（不少于5厘米厚），然后用砖或瓦片构筑垛体（图8.6）。为了给蝎子提供活动和栖息的场所，减少蝎子相互干扰，所筑垛体应做到以下几点。

1）垛体材料之间留3～5厘米的缝隙。

2）垛体底面占地面积不大于蝎池底面面积的2/3。

3）在坚固结实的前提下可适当增高垛体，以充分利用有效养殖空间。

（3）消毒：为了净化蝎子的生活环境，防止病害的发生，可使用0.1%的来苏儿溶液进行喷洒，对蝎池进行全面消毒。构筑垛体所用的

图8.6　育肥池垛体

砖、瓦片经过消毒处理后方可使用。可放入0.1%的高锰酸钾溶液中浸泡消毒。

（4）准备饲养用具：养殖前要把常用的饲养用具准备齐全。常用的用具有喷雾器、水桶、塑料盆、软毛刷、夹子、干湿温度计、乳胶手套、塑料胶带、玻璃、黑光灯等。

3.饲养密度　为了减少蝎群间的相互干扰，蝎子的饲养密度必须适宜，其合理密度要根据蝎子的龄期和垛体的结构而定。一般情况下，饲养的密度为每平方米2～3龄蝎子8 000只左右，4～5龄蝎子4 500只左右，6龄蝎子3 000只左右，成蝎2 000只左右（图8.7）。

人工饲养蝎子的密度过大时，容易出现蝎子集结成团导致挤压受伤等现象，严重时会激化种内竞争，引起蝎子相互残杀。所以，应尽量降低饲养密度。这可以通过两个途径来进行：第一，扩大养殖面积，增加蝎池的数量；第二，提高空间利用率，适当增高垛体。

图8.7　各龄期蝎子的密度状况

4.生态因素　蝎子的生长发育是周围环境条件综合作用的结果，恒温单脱养蝎能否取得成功，关键在于人为创造的生态环境是否适宜和有利于蝎子的生存和生长发育。

影响蝎子的生态因素主要有温度、湿度、光照、空气、养土、垛体和食物等。

（1）温度：蝎子属变温动物，温度对蝎子的作用最为显著，蝎子的生长发育、交配繁殖等一系列生命活动完全受温度的支配。

温度对蝎子的影响具体表现为五种情况。

1）生存温度：在-2～42℃。蝎子在此温区内能够生存，但是，在-2～0℃和40～42℃时，存活时间很短。

2）生长有效温度：在12～39℃。蝎子在此温区内能够生长发育。

3）适宜温度：在25～39℃。这是蝎子生长发育的较理想温区，蝎子的交配、产仔都在此温区内进行。

4）最适温度：在32～38℃。此温区内，蝎子机体活动处于最佳状态。

5）冬眠温度：在-2～11℃。

由此可见，恒温单脱养蝎最宜将室内温度控制在32～38℃。

由于温室内的环境特点，如果管理不当，高温、低温会反复出现，将会影响蝎子的正常生长发育，甚至造成孕蝎难产死亡、蜕皮幼蝎不蜕皮或半蜕皮而死亡。因此，室内温度应相对稳定，起伏应控制在6℃左右。

（2）湿度：湿度很大程度地影响着蝎子的生长发育。蝎窝内的土壤湿度应在10%～20%，最适宜的土壤湿度为15%～18%。土壤湿度可用炒干法进行测算。从蝎窝内取样土若干，称重后放入铁锅内炒干（或用烘箱烘干），再称重。然后，按照"土壤湿度=（湿土重量-干土重量）/干土重量×100%"的公式，即可计算出蝎窝内的土壤湿度。大气相对湿度适宜控制在60%～85%，可用干湿温度计进行测量。

蝎子在不同发育阶段对环境湿度的需求也不一样，例如孕蝎需要较小湿度，而产蝎与仔蝎则需要较大湿度。温室内的环境湿度可根据需要人为地进行调节。若湿度小了，可向垛体滴水、渗水，向地面洒水或放置水盆蒸发增湿；湿度过大时，可通过加温蒸发或加强空气流通促使室内水分散失。

地暖温室内属于半封闭环境，室内气流相对稳定，水分蒸发扩散较慢。室内的湿度与温度的关系极为密切。在同一条件下，湿度随温度的变化而变化。一般来说，温度较高时，水分蒸发快，湿度往往较小；温度较低时，水分散失慢，湿度则较大。具体来说，湿度和温度这一对矛盾并存会出现四种情况。

1）低温高湿：低温下，蝎子活动量小，代谢能力差，不需要那么多水分。由于喜湿，蝎子会纷纷从垛体上爬到地面上。长时间极易导致蝎子尤其2龄和3龄蝎子成片死亡。同时，长期低温环境极易造成蝎子消化不良。

2）低温低湿：环境温度和湿度都很低，二者呈现平衡局面。此状况下，蝎子虽然不会大量死亡，但生长发育会受到抑制，如蝎子蜕不了皮，会长成"小老蝎"（经历6次蜕皮体型仍然不大的蝎子）。

3）高温低湿：高温下，蝎子活动量大，体表水分蒸发量大，而外界及体内的水分不能满足自身需求，会引起脱水死亡，甚至激化蝎子的种内竞争。

4）高温高湿（在合理的范围内）：在此状况下，蝎子最活跃，蜕皮最快，生长发育最好。

在日常操作中，湿度大小应与温度高低成正比，即温度较高时，湿度相应地大些。温度高了，若不及时加湿，必然会出现干燥现象；湿度增大了，若不及时加温蒸发，必然会出现高湿现象。在加温的同时要随时注意湿度的变化，在增加湿度的同时要经常观察温度的变化，以协调好二者的关系。

（3）光照：俗话说"万物生长靠太阳"。光照不仅是蝎子生长发育的重要条件之一，同时也是地暖提高室内温度的能量来源之一（图8.8）。

光照对蝎子的作用主要体现在以下几个方面：第一，增加温度，加快蝎子的生长发育，经过太阳照射后，室温升高了，垛体温度升高了，相应地蝎子的代谢水平也提高，生长发育就会加快；第二，阳光中的紫外线能有效地杀灭垛体及蝎窝内的某些有害微生物，能抑制蝎子生物性疾病

图8.8　阳光照射采暖房

的发生；第三，光线对蝎子活动有明显的支配作用，自然光的长期作用形成其昼伏夜出的活动规律。

由于所处的地理位置不同，全国各地日照时间也不一致。中南地区日照时间冬季约9小时，夏季约13小时。

地暖温室由于受到墙体和中柱的遮挡、阳光板的反射和吸收等因

素的影响，室内的光照时间和强度都明显小于室外。为了充分利用阳光，可以采取下列措施改善地暖温室内的光照条件。

1）建造地暖温室要选择有利地势，温室结构要合理，使室内各部位均能获得最长的光照时间。

2）采用耐老化无滴阳光板。选用阳光板一定要严格，若采用普通的有滴塑料阳光板，在密闭条件下，塑料阳光板的内表面会形成一层细薄的小水珠。水珠为冷凝水，对阳光具有散射和吸收功能，会使室内的光透量减少30%左右，严重影响室温的提高。另外，水珠凝聚到一定程度时会下滴，对蝎子生长造成不利影响。可选用聚氯乙烯阳光板（PVC），该板材适温性能强，耐高温日晒，阻挡地热辐射能力强，夜间保温性能好，弹性好，且使用寿命较长。

3）经常擦抹塑料阳光板表面，保持膜面光洁。

（4）空气：蝎子有呼吸功能，需要不断地进行气体交换，吸收外界空气中的氧气，同时排出体内产生的二氧化碳。

温室内长期处于半封闭状态，空气流通不畅。为了保证有足够供蝎子呼吸的新鲜空气，要注意加强室内的空气流通。

温室内的空气和温度也是一对矛盾：温度高了，蝎子代谢旺盛，气体交换的频率加速；若空气流通不畅，必然会产生气闷；若空气流通过快，室内温度必然下降。天窗和承重墙两侧设置的换气扇就能比较好地解决这一问题，既加强了空气流通，保证了有足够的新鲜空气，又不会因空气流通而降低室温（图8.9）。

图8.9　蝎房安装换气设施

（5）养土：蝎子大部分时间都在蝎窝内生活，其活动和栖息都离不开养土。研究资料表明，蝎子在临产期前会进食少量饲养土以补充体内能量所需（图8.10）。

养土主要由固体颗粒组成，其温度、湿度、通气性能、化学成分都不同程度地影响着蝎子的生活。由于各种类型土壤的物理性状有差别（表8.4），所用的养土要选择物理性状好的壤土。乡村养殖户亦可用老墙土作为蝎窝中的养土。

图8.10　蝎子适合的饲养土

表8.4　各种类型土壤的物理性状及对蝎子的影响

土壤	物理性状	对蝎子的影响
黏土	通气性差，透水性差，持水量大	不利
壤土	通气性好，透水性适中，持水量适中	有利
沙土	透水量大，持水量小，易塌陷	不利

蝎窝中的养土使用一段时间后，在温室内高温高湿环境下，由于剩余食物腐烂、蝎子排泄物堆积、水分的蒸发与增补等因素的影响，土壤的物理性质和化学性质都会发生改变。所以，蝎窝中的养土要定期更换，一般每年更换2~3次。

（6）垛体：垛体是蝎子栖息和活动的主要场所，由砖、瓦片等材料按一定顺序构成（图8.11）。蝎子的生长发育、蜕皮以及交配都离不开垛体，因此垛体的结

图8.11　蝎子栖息垛体环境

构必须科学合理。

建造垛体要符合以下几个原则。

1）垛体占地面积不大于蝎窝底面积的2/3，留出一定的区域，为蝎子活动和捕食创造空间，提供便利。

2）垛体有一定的高度（高度由垛体材料而定）。由于温室内不同区域、不同高度的温度有差异，所以能形成同一垛体的不同高度、不同部位有温差（温差不大于5℃），从而有充分可供蝎子选择的活动区域。

3）垛体要设计许多缝隙，形成许多小空间，给蝎子创造优越的栖息环境。小空间增多了，相对而言，就等于减小了蝎子的饲养密度，从而能解决人工养蝎由于密度大、蝎子间相互干扰严重的问题。

4）垛体可采用各种方法加湿，并且能够较好地保持湿度（图8.12）。垛体一般1年更换一次。

建造垛体使用的材料经过消毒处理（可放入0.1%的高锰酸钾溶液中浸泡）后再使用。需要注意的是，高温高湿的环境下，砖、瓦片

图8.12　垛体加湿常用方法

中的亚硝酸盐容易析出，会使蝎窝酸化，对蝎子生长发育造成不利的影响。所以，垛体用的砖、瓦片要定期更换。

（7）食物：蝎子生长发育、交配繁殖等生命活动能够顺利进行的前提条件是自身必须具备机体活动所必需的营养物质。这些营养成分主要有蛋白质、脂肪、糖类、维生素、水分、矿物质等。

1）蛋白质：蛋白质是含氮的有机化合物，它是构成蝎体细胞的基本物质。蛋白质在蝎体细胞内的含量高、种类多，蝎体各种组织和器官，如肌肉、神经、表皮、血液等均以蛋白质为主要成分。蝎体内的活性成分（如酶、激素）的基本成分也是蛋白质，这些物质参与并调节机体内的新陈代谢过程。旧细胞的死亡和新细胞的形成都要消耗大量的蛋白质。因此，蝎子必须经常从食物中摄取蛋白质来供给自身新陈代谢的

需要。蛋白质供应不足，就会导致蝎体营养不良，体重下降，生长缓慢，繁殖能力低下，抗病力弱（图8.13）。

2）脂肪：脂肪由碳、氢、氧三种元素构成，其营养作用非常重要。脂肪不仅是蝎体组织的主要组成成分，还是蝎体能量的重要原料，可供给蝎体所必需的脂肪酸。同时，脂肪也是脂溶性

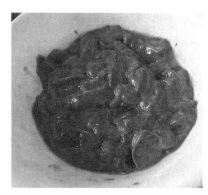

图8.13　鸡肝可提供蛋白质

维生素（如维生素A、维生素D、维生素E）的良好溶剂。如果缺少脂肪，就会影响蝎体对脂溶性维生素的吸收和利用。

3）糖类：糖类是由碳、氢、氧组成的另一类有机化合物的总称。它是构成蝎体组织不可缺少的成分，虽然在蝎体内所占比例很小，但有着重要的营养作用：蝎子摄入的糖类，除供给热量，一小部分转变为糖原外，多余的就转化成脂肪贮存起来。在营养不足时，这些脂肪就会自动转变为代谢基质，加以利用。

4）维生素：维生素是蝎子生命活动必需的物质，在物质代谢过程中起着重要的催化剂作用。蝎体内缺乏维生素，会引起代谢紊乱、生长停滞、抗病力弱，同时也影响蝎子的繁殖功能。

5）水分：蝎体内含水量很大，据测定，成蝎体内含水量约占体重的55%。水分在蝎体内以两种形式存在，一种是游离水，它们存在于细胞之间，很容易被挥发；另一种是吸附水，它们和细胞内的胶体质紧密结合在一起，常温下不易失去。

水分不仅是蝎体的重要组成部分，而且还具有一定的生理功能。第一，各类营养物质溶于水后才能被蝎体消化吸收，产生的废物也必须溶于水后才能被输送到排泄器官而排出体外。第二，蝎体内活动产生的热量一部分可被水分吸收，再由水分通过体表或书肺呼吸而散发掉，从而可以防止蝎子体温过高。第三，水分在物质代谢的化学反应中起主要作用，参与有机物的合成及细胞的呼吸过程。第四，水分使

蝎体组织具有一定的形态、硬度及弹性。第五，水分起润滑作用，如关节在关节液的作用下就容易活动。

6）矿物质：蝎体内矿物质含量较少，目前已知有20余种矿物质对蝎体起作用，如钙、磷、钠、硫、钾、镁、铜、锌等。它们参与机体的多种生命活动，是保证蝎子健康生长、顺利繁殖必不可缺的营养物质。矿物质的作用体现在三个方面：第一，组成蝎体的多种酶；第二，构成蝎体的软硬组织，如蝎子体表角质膜中就有较多的钙；第三，调节血液等体液的酸碱度和神经、肌肉的兴奋性。

营养全面、丰富、充足是蝎子健康生长发育和顺利交配繁殖的前提条件。而蝎子对营养的获取，取决于食物的供给。为了使蝎子获得全面、丰富、充足的营养物质，在选择蝎子的食物时，要科学检测、严格筛选。选择蝎子的食物必须符合下列原则：第一，蝎子喜欢吃，且能促进其生长发育；第二，来源丰富，价格低廉，可大量供应（有的饲料虫，如蜘蛛、蜈蚣等，虽然蝎子喜爱吃，但它们属于肉食性动物，不便于大规模饲养，可选择植食性的昆虫进行饲养）；第三，能够长时间和蝎子共处而且不污染环境。

为了避免因食物品种单一而造成蝎体营养不良，饲养蝎子时要投以多种饲料虫的组合饲料，使蝎子能摄取到全面、丰富的营养，从而加快其生长发育，增强其繁殖能力。根据蝎子喜爱吃的不同饲料虫所含的营养成分，结合上述原则，黄粉虫、黑粉虫、地鳖、舍蝇等几种饲料虫可以作为蝎子的最佳饲料，临蜕皮期蝎子多喂食黑粉虫和地鳖虫有利于蝎子顺利蜕皮。

投喂饲料时，应做到高密度、全方位投放，以便使蝎子无论在任何时间、任何地方都可以吃到可口的饲料（图8.14）。

上述7个方面的因素共同构成了蝎子的生态环境。这些因素密切联系，相互作用，共同

图8.14　蝎子进食

影响着蝎子的生长发育，其中任何一个因素出现问题，都会对蝎子的生长发育造成不利的影响。因此，在饲养管理过程中，这7个因素都不可忽视，应该面面俱到，充分发挥各因素的特定作用。

5.蝎子的蜕皮　蜕皮是蝎子生长发育的标志，是个体发育过程中的一个必要步骤。蝎子必须蜕去旧皮方能增长躯体。蝎子一生共蜕皮6次。由于生活环境和蝎子个体的差异，除第一次在雌蝎背上的蜕皮所需时间大致相同外，以后几次蜕皮所需的时间差异较大（图8.15）。

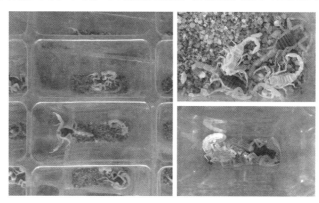

图8.15　蝎子蜕皮场景及蜕下的皮

蜕皮前一周的蝎子处于半休眠状态，活动量减少，皮肤粗糙，体节明显，前腹部肥大（图8.16）。此阶段有的蝎子前腹部紧贴地面，时有摩擦。通过各种生理机制的调节，柔软的新皮在旧皮下生成。由于蝎子在蜕皮前吸收了大量的水分，体压增高，在促蜕皮激素的作用下，旧皮从头胸部的钳角与背板之间的水平方向裂开，先蜕出头胸部，附肢折叠于腹面（图8.17）。蝎体新蜕出的部分不断地扭曲、蠕动着，以此为动力，从头部至尾部依次蜕出。整个蜕皮过程历

图8.16　即将蜕皮的蝎子

时约3小时。蝎子蜕皮后，伏地不动，各部分逐渐伸展开，可以明显看到蝎体增大。刚蜕过皮的蝎子身体柔软、有光泽、体色淡黄、肌肉娇嫩，躯体如洗刷后一般。几天后，体色加重，活动能力逐渐恢复，体重迅速增加。

图 8.17　头部先破壳而出

　　蝎子蜕皮需要一定的条件：有充足的营养和体力；密度不可过大，最好单只独穴；场所要安静、隐蔽；温度和湿度等生态环境要适宜。满足上述条件，蝎子就可以顺利蜕皮。单体蜕皮器是重要的恒温养蝎蜕皮工具（图8.18）。

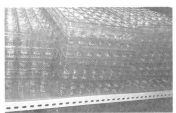

图 8.18　单体蜕皮器

　　由于刚蜕过皮的蝎子身体柔嫩，在食物缺乏的情况下，常成为其他蝎子的攻击对象甚至饲料虫此时都有可能成为其敌害。刚蜕皮的蝎子食欲也比较旺盛，因此蜕皮前后应将蝎子喂足喂好。

　　6.蝎子的交配　在恒温单脱的养蝎条件下，正常发育的蝎子9个月左右趋于性成熟，在适宜条件下就可以进行交配（图8.19）。

图 8.19　已达到性成熟的成年蝎

雌蝎发情后，会从体内释放出一种激素。雄蝎受到该激素刺激后，便开始寻找雌蝎进行交配。当雄蝎发现雌蝎后，便用触肢的钳紧紧钳住雌蝎的触肢不放，并将雌蝎拖来拖去，转圈爬行，形如舞蹈（图8.20）。雄蝎尾巴同时上翘，并不停地摇动，栉状器也不断摆动，以探索地面的情况，寻找合适的交配场所。若能找到平坦的石片或坚硬的地面则可以交配；否则，雄蝎就用第1、2对步足将身下的土刨细、铺平、踏实，为雌蝎受精做准备。该过程大约持续15分钟。

图 8.20　蝎子交配寻偶时的舞蹈

准备工作完成后，雄蝎全身抖动着将雌蝎拉紧，并伸过自己的头胸部与雌蝎的头胸部接触，然后翘起第1、2对步足交替抚摸雌蝎的生殖厣及其附近躯体。紧接着，雄蝎后腹部上下摆动，生殖厣打开，前腹部接近地面产出精荚，精荚牢牢粘在地上。然后雄蝎后退，并慢慢抬起前腹部，精荚随之全部抽出成70°固着于地面。与此同时，雄蝎将雌蝎拉过来，雌蝎的生殖厣打开并前移。当生殖腔触及精荚尖端时，由于雌蝎的活动，精荚的上半部便插入雌蝎的生殖腔中，并随之破裂。雌蝎由于受到刺痛便猛然后退挣脱雄蝎的钳制，使排空的精荚抽出倒于地面（也有精荚全部进入雌蝎生殖腔不再出来的）。进入雌蝎体内的精子与卵子结合形成受精卵。该过程需要10分钟左右。

1只雄蝎短时间内能和2只雌蝎交配，特别强壮的雄蝎最多会连续和3只雌蝎交配。雄蝎交配后，要等3个月后才能再次同雌蝎交配。

雌蝎交配后，精子可在纳精囊内长期贮存。因而蝎子交配一次可终生繁殖，但繁殖率逐年下降。

蝎子交配期的管理，关键在于创造适宜的外部条件，使雄蝎和雌蝎能在良好的环境中顺利完成交配。

蝎子交配条件：

（1）温度控制在28～39℃，在这个范围内，温度越高交配成功率就越高。

（2）避免强光照射，强光会使蝎子交配过程显著延长或中断，光线微弱的环境能诱发其交配。

（3）蝎子怕风，无风和微风天气有利于交配进行。

（4）地面平坦、坚实，且有一定摩擦力，有利于固定精荚，能保证蝎子交配顺利完成。

（5）蝎子胆小，怕惊扰，应为其创造隐蔽、安静的交配环境。

7.蝎子的产仔　蝎子为卵胎生。在恒温条件下，受精卵在雌蝎体内40天左右便可完成胚胎发育（图8.21）。

孕蝎在临产前几天，由于生殖孔收缩而产生阵痛，因而表现为

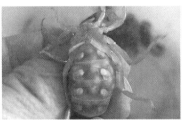

图 8.21　已完成胚胎发育的待产孕蝎

不安、少食或停食、不爱活动，只在夜间缓慢外出寻找产仔场所。临产时，雌蝎第1、2对步足相抱，栉状器下垂，第3、4对步足支撑地面，前腹部向前倾斜，触肢前伸且下垂，后腹部向上弯曲，背纹较为明显。

（1）临产的孕蝎要隔离，产期蝎子严禁混养。

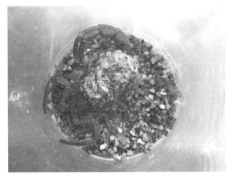

图 8.22　孕蝎产仔和幼蝎腹背图

刚产下的仔蝎受到其他蝎子的干扰，就难以爬到母蝎背上，爬不上母蝎背的仔蝎不能成活。刚产仔的雌蝎受到其他蝎子的干扰，会烦躁不安，来回爬动，甩掉背上的仔蝎，导致幼蝎的成活率降低（图8.22）。新生仔蝎有被其他蝎子咬伤、吃掉的危险。所以，应为孕蝎设置合理的产房（图8.23）。

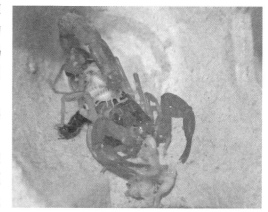

图8.23　蝎子产仔过程被惊扰直接吃幼蝎

（2）常见的产房有以下几种。

1）土坯产房：在一块长40厘米、宽40厘米、厚6厘米的土坯上挖若干个小坑，坑长6厘米、宽4厘米、深3厘米。一块土坯上能挖产坑40个左右，可供40只孕蝎产仔。土坯产房可以多层组放，每层之间留3厘米左右的缝隙。

2）水泥板产房：形状和土坯产房相同。可先制作模型，然后用细沙和混凝土制作。

3）木板巢格产房：用三合板边角料做成长5厘米、宽7厘米、高10厘米的方格，内壁上缘用塑料胶带粘贴。该产房可放于平坦的地面上。

4）广口玻璃瓶产房：罐头瓶或一次性塑料杯等广口瓶作为产房也是比较合适的（图8.24）。

土坯产房和水泥板

图8.24　一次性塑料杯产房图

产房占地面积小，有一定的吸湿能力，可保证蝎子产期对环境湿度的需求。但是由于各产房相通，容易出现"串房"现象，较难控制相互干扰。木板巢格产房和广口玻璃瓶产房，则能克服孕蝎相互干扰的问题。孕蝎在这两种产房里，有安静的环境，可以顺利产仔，同时仔蝎的安全也能得到保证。这样，就可以大大提高幼蝎的成活率。因此，最好采用木板巢格产房或广口玻璃瓶产房。

（3）孕蝎入产房前的准备：在孕蝎入产房前，应做好以下几项准备工作。

1）产房消毒：用0.1%高锰酸钾溶液洗刷产房，晾干。

2）备养土：细壤土适量，拌水（湿度18%左右）。

3）装养土：在产房内均匀摊养土近1厘米厚。

4）投饲料虫：每个产房投饲料虫2～3条，供雌蝎产仔期间食用。

当孕蝎有了临产征兆时，就要把它放入产房中待产。每个产房中放入1只孕蝎为宜。

雌蝎产仔时步足弯曲支撑地面，前腹部高高隆起，生殖孔张开，产出一个个米粒样的椭圆形小白团，这就是仔蝎。孕蝎每产4～5只仔蝎需休息片刻。平均一胎产25只左右，少则10只，多则30～40只，个别也有一胎产60只以上的。

刚产下的仔蝎体表有一层胎衣，半小时左右胎衣便自行破裂。仔蝎附肢内屈，后腹部向前腹部折叠，形如椭圆。约10分钟后，仔蝎体表逐渐干燥，附肢和后腹部慢慢地伸展开，然后攀母体爬上母蝎背，头朝外尾朝内集结成丘状。前两天，仔蝎在母蝎背上抱团较紧密，而后逐渐松散（图8.25）。

初生仔蝎全身细嫩，体色乳白，几天后体色加深。5天左右在母蝎背上完成第一

图8.25　仔蝎产出后爬上母蝎背

次蜕皮，而后变为淡褐色，10天后便可离开母蝎背独立生活（图8.26）。

图8.26　仔蝎在母蝎背上完成第一次蜕皮变成淡褐色后下背离开母蝎

雌蝎在产仔和负仔期间很少活动，全神贯注地监视、保护着仔蝎，以防仔蝎受到伤害。

当2龄蝎离开母蝎背以后，应及时进行母、仔分离，产仔后的母蝎集中复壮育肥，仔蝎集中喂养育肥。这是因为：第一，雌蝎在产期体力消耗很大，体液丧失较多，非常虚弱，亟待觅食补充，此时，产房内养土会变得干燥，食物也会出现短缺，雌蝎对已下地的幼蝎也会产生排斥性，如不分离，雌蝎在缺食缺水的情况下会攻击吃食幼蝎；第二，大小混养，成蝎行动时会踏伤体壁柔嫩的幼蝎；第三，幼蝎从母体内带来的卵黄营养已消耗殆尽，分离饲养有利于幼蝎进食补充营养；第四，幼蝎和成蝎对饲料虫的要求不同，分开饲养便于管理。

（4）母、仔分离方法：

1）挑拣分离法：幼蝎脱离母蝎背后，夜晚将外出活动的雌蝎用筷子或夹子拣出，剩下的幼蝎仍留在原蝎池中饲养。这种分离方法适用于土坯产房、水泥板产房和木板巢格产房。

2）玻璃板分离法：分离时，先用夹子把雌蝎取出放入另外池中饲养，再把幼蝎连同产房中的养土一起轻轻倒在饲养盆中的玻璃板（下垫玻璃瓶）上。幼蝎会慢慢向玻璃板边缘爬去，掉入盆中。然后，把玻璃板上的土倒掉。该法适用于广口玻璃瓶产房，每次可分离5～6瓶。

3）自动分离滑梯分离法：养殖规模大的，可利用"自动分离滑梯"将母蝎、仔蝎分离。"自动分离滑梯"修建方法是在蝎池内放一临时小玻璃盒式分离池，其底面高于原池10厘米，四周边缘与原池地面成60°斜坡，铺上玻璃板（蝎子只能滑下而不能爬上），小池四壁由四块玻璃板组成，四壁与池底留高0.3厘米的缝隙（只能容小蝎通过）。分离时，将产房中的母、仔蝎子一起倒入小池中，仔蝎便会通过缝隙随坡滑入大池，而成蝎及养土则留于小池中。该法适用于广口玻璃瓶产房。

8.蝎子的分龄饲养管理　各龄蝎子的生活能力、生长特点及对饲料虫的要求不同。为便于饲养管理，在养殖过程中应对蝎子采取分龄饲养的方法。根据蝎子的龄期，可把蝎子的生长过程划分为仔蝎（图8.27）、幼蝎、青年蝎、成年蝎四个阶段。

图8.27　仔蝎腹背图

（1）仔蝎的饲养管理：仔蝎伏在母蝎背上不食不动，靠其体内残存的卵黄供应养分。

对仔蝎的饲养管理，主要体现在加强对负仔雌蝎的管护上。

1）给雌蝎供应足够的饲料虫，并投在雌蝎附近。

2）保持产房安静，尽量少翻动产房，以减少对蝎子的干扰，避免负仔雌蝎受惊扰后将仔蝎甩下背而造成仔蝎伤亡。

3）产室及产房的温度、湿度和通气性能都要控制好，创造有利于仔蝎生长发育的生态小环境。

（2）幼蝎的饲养管理：2～4龄的蝎子称为幼蝎。幼蝎的成活率与生长速度关系到养蝎的成败。

1）加强对2龄幼蝎的管护：2龄幼蝎的饲养是蝎子生长发育过程中的关键时期，是蝎子在无冬眠饲养条件下的第一个生长阶段，这个阶段发育程度的好坏直接影响着蝎子一生的生长发育。由于2龄幼蝎体质柔嫩，对环境的适应能力较差，进入3龄难度较大（图8.28）。只有条件适宜，2龄幼蝎才能健康生长发育，顺利进行第二次蜕皮。对2龄幼蝎的管理要做好以下几个方面的工作。

A   B

图8.28　2龄蝎子和2龄转3龄蝎子
A.2龄蝎子　B.2龄转3龄蝎子

第一，孕蝎进入产期，就要为幼蝎备足适口的小饲料虫。

第二，及时、足量投喂鲜活小饲料虫。2龄幼蝎食欲特别旺盛，可昼夜进食。如果缺食便会出现严重的群内竞争，相互残杀表现较为突出。2龄幼蝎口器小，捕食能力差，活动范围小，因而限制了对饲料虫的摄取。所以要做好2龄幼蝎的保育工作，应供给适口、营养丰富的小饲料虫，如小黄粉虫（图8.29）、小地鳖、舍蝇、小蟋蟀等。

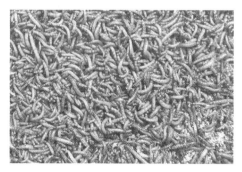

图8.29　2龄蝎子饲料小黄粉虫

第三，分期饲养，强化取食。为了保证幼蝎都能吃到食物，在母蝎、仔蝎分离后可把2龄蝎子放入暂养盆中分三期强化饲养。第一期，将幼蝎置于下铺湿度为15%的养土盆中，供应充足的饲料虫饲养20天左右，保证每只幼蝎能捕食饲料虫5～6条。第二期，在养土盆中放入适当的垛体材料，强化饲养7天左右，使其捕食更充分，摄取较多的营养物质。第三期，经过前两期的强化饲养后，2龄幼蝎腹部明显增大，体重有所增加，此时应把它们转入饲养池中饲养。池中空间大，密度小，可为幼蝎生长、蜕皮提供便利条件。

2）3龄幼蝎的饲养管理：这个阶段的幼蝎活动敏捷，已具有攻击和捕食能力，食欲旺盛，代谢水平较高，是其一生中生长发育最快的时期，对饲料虫的适口性和营养性要求很高。在饲养过程中，应根据情况及时调整饲料虫的供给（图8.30）。

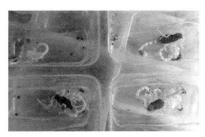

图8.30　3龄蝎子活动和3龄转4龄蝎子

3）防止幼蝎外逃：幼蝎攀附能力较强，且体小质嫩，逃出后难以捕捉，应做好幼蝎的防逃工作。

4）控制饲养密度：密度过大，会增加幼蝎之间的相互干扰，影响它们的栖息和蜕皮，摄取饲料虫也将受到限制，还可能造成群内竞争，降低成活率。

5）设计合理的垛体：最好用小瓦片竖放码成椭圆形垛体，以4～6层为宜，中间部分用蝎窝土填充（蝎窝土过筛、消毒）。这样的垛体缝隙多，缝隙空间小，幼蝎能各得其所，可避免众多幼蝎进入同一缝隙内相互干扰。

6）垛体自动加湿：在垛体上方吊一个小塑料桶，用输液管把桶里洁净水滴注于垛体中间的蝎窝土中，水再通过蝎窝土传导给垛体上的瓦片。用这种加湿方法，垛体上层较湿润，下层较干燥，内圈较湿润，外围较干燥，从而形成一定的湿度差别，幼蝎可以自由选择所需要的场所。

7）土壤渗漏式加湿：具体做法是在地面下10厘米处，每隔50厘米埋一根塑料管。管壁上凿许多小孔，管头连接下半部埋在地下的小容器（废旧易拉罐即可）。小容器内的水不断通过管壁上的小孔，均匀地渗入土壤，可较好地保持土壤湿度。

（3）青年蝎的饲养管理：4~6龄的蝎子称为青年蝎。这个阶段的蝎子已进入生殖发育阶段，对饲料虫的营养性和适口性要求都较为严格。因此，对青年蝎应特别重视投食管理。除供给充足的新鲜、洁净、高营养的食物外，还要多观察它们进食的情况，发现异常情况要及时处理。青年蝎是进行种蝎选留及提纯复壮的最佳时期，要不失时机地抓好这个时期的饲养管理，为搞好繁殖打下良好的基础。

（4）成年蝎的饲养：成年蝎性已成熟，具有交配、繁殖能力。这个时期的饲养管理应注意以下几个方面。

1）增加投喂饲料虫的次数，坚持"多投少量"（每天投喂次数要多一些，每次投食量要少一些）的原则。特别是在晚上8~11时蝎子进食高峰期，每小时应投喂一次。

2）合理控制环境温度和湿度，调控光照和通风，创造良好的生态环境。

3）加强对种蝎的管理。优良成年蝎即可作为种蝎使用。

第一，按时备足优良种蝎。当蝎子进入交配期时，要精挑细选足量的种蝎，专池精心饲养，使雄蝎体格健壮、精力充沛，雌蝎肥胖。

第二，创造适宜的交配条件，使每只雌蝎都能交配受孕。

第三，在蝎池的不同地方放置若干个小水盘供蝎子饮水。水盘内放入适量小石子或碎瓦片（经过消毒处理），以防蝎子接触大量明水（图8.31）。蝎子在正常情况下一般不饮水，但在繁殖期，孕蝎的生理活动对水分的需求量增大，需适量饮水。饮用水应每天更换一次。

图8.31　蝎子饮水石子盘

第四，在孕蝎临产前应准备合适的产房，并做好孕蝎入产房的准备工作。

　　第五，尽量避免噪声、振动以及刺激性气味对蝎子的干扰；否则，会引起孕蝎躁动不安，而形成死胎或流产。

　　第六，幼蝎下地后，适时进行母蝎、幼蝎分离饲养。

　　第七，做好种蝎的育肥复壮工作。雌蝎产后体质较弱，需要觅食补充，应及时供食，使其在较短时间内增肥复壮。雌蝎产后得到恢复，即可适时投入适量的优良雄种蝎进行复配，以便为下次繁殖奠定基础。

九、　人工养蝎子常见的问题

　　自然界的任何一个物种，只要有充足的食物来源，适宜的环境，没有天敌的侵袭，没有疾病的危害，它必定会大量繁衍。

　　众多养殖户在生产上之所以失败，是因为在生产中忽视了上述条件。下文是蝎子饲养中常见的问题，也是笔者养蝎多年的经验总结。

（一）饲料虫品种单一

　　绝大部分养殖户都是以黄粉虫作为蝎子的唯一饲料虫。蝎子如果只食用黄粉虫，是不能全面摄取所需要的各种营养成分的，结果必然会导致营养不均衡，影响其正常生长发育。黄粉虫活动不太灵敏，被蝎子发现的机会相对较少。这样，往往会导致蝎子摄入的食物量不足。这是因为蝎子的眼睛只是一个感觉器官，只能感光而不能成像，在距蝎子10厘米处设置障碍物，蝎子视而不见，还是一直往前走。只有接触到障碍物，行动受阻时，它才会改变行走路线。黄粉虫处于静止状态，在距蝎子3厘米左右的地方，蝎子也发现不了它。只有双方互相接触时，蝎子才能将它捕食。把舍蝇和鼠妇虫一起放入蝎池内，舍蝇飞翔时空气发生振动，蝎子马上就捕捉到它，但是鼠妇虫则能长期生存而不被蝎子攻击。这说明活动灵敏的饲料虫容易被蝎子捕食，活动量不大的饲料虫反而难以被蝎子捕捉到。大量试验证明：蝎子捕捉饲料虫，主要是靠感觉身边空气振动来发现目标的。

　　由此可见，如果看到黄粉虫有部分剩余，就认为蝎子吃饱了，不用再投放饲料虫了，或者认为是投喂次数过多，就隔3天或5天投喂一次，这些都是完全错误的。因为那些残留的黄粉虫并不是蝎子吃饱了以后剩下来的，而是它活动量小，没有被蝎子发现。

蝎子捕食饲料虫是增加体内水分的主要渠道之一。长期缺食，会导致蝎体严重缺水。当蝎子又饥又渴时，就会发生激烈的群内竞争，出现弱肉强食的现象：强食弱，大食小，正在蜕皮或刚蜕皮尚未恢复正常的蝎子也会被其同伴吃掉。所以，单靠以黄粉虫作为蝎子的食物是远远不够的。应该同时投放地鳖、蟋蟀、蝗虫、舍蝇等活动较灵敏的饲料虫，以便于蝎子有更多的机会捕食到各种饲料虫，从而摄入全面、丰富的营养。

（二）生态环境不适宜

蝎子喜湿怕水，无冬眠养蝎首先要创造适宜的生态环境，这是必要的前提（图9.1）。在这方面，常见的问题有以下几个方面。

喜 怕

图9.1　蝎子喜湿怕水

（1）室内温度偏低，常维持在25℃以下。蝎子的生命活动受温度影响极大，在这样的温度下蝎子虽然不会休眠，但是食欲很差，消化能力也很弱，几乎不吃投喂的饲料虫。长期如此，蝎子体内营养消耗殆尽，得不到及时补充，严重抑制了蝎子的生长发育，甚至会形成慢性脱水，严重者引起死亡（图9.2）。

（2）加湿方法不正确。洒水或喷水的加湿方法有很大缺陷，刚加过水时湿度较大，地面会出现积水或形成稀泥。蝎子虽喜

图9.2　温湿失调，导致蝎子死亡

湿，但怕水，这样的环境会对蝎子造成伤害。同时，加水量大了，容易使温度下降；加水量小了，湿度不易保持。喷水、洒水还会惊扰蝎子，影响其正常生命活动。

（3）温度、湿度不协调。温度和湿度的关系协调不好，经常出现低温低湿、低温高湿、高温低湿等不利于蝎子正常生活的现象。蝎子在低温低湿的环境下，生长发育受到抑制；低温高湿，很容易产生霉菌性疾病或腹胀；高温低湿，会造成慢性脱水而死亡。

（4）垛体设计不合理。垛体缝隙较少，缝隙空间较大，众多蝎子挤在一个缝隙内栖息，造成相互之间的严重干扰，蝎子交配、蜕皮等活动也会受到影响，因而出现发情蝎子交配失败、蜕皮蝎子遭其他蝎子攻击等现象。

（三）缺少防御天敌侵袭的有效措施

对蝎子危害严重的天敌是老鼠、黄鼠狼、蚂蚁等。老鼠、黄鼠狼如果进入蝎池，很短时间就会造成巨大损失。蚂蚁在温室中容易繁殖，因其躯体小，常群居，一旦发生，防治较难。蚁群对蝎子危害很大，往往会咬死咬伤刚蜕皮的幼蝎和产后体力较弱的雌蝎、老蝎、病蝎。在整个饲养过程中，都应重视对天敌的防御工作。发现这方面的问题，应立即采取有效措施加以克服，以免造成更大的损失。

（四）缺乏防治疾病的知识和手段

蝎子抗病力虽强，但不是说就不会发生疾病。有的人只重饲养，不重视疾病防治，在建造温室、蝎池、垛体、投放养土和饲料虫、放置器械等操作过程中，不严格按照规程操作，往往会给疾病的发生埋下隐患。加之疾病发生后治疗不及时，或者措施不得力，就会造成很大的损失。因此，在饲养过程中必须严格遵守操作规程，还应学习、掌握防治疾病的知识和技术。

十、 蝎子的病害、敌害及防治

（一）蝎子的病害及防治

蝎子的生命力很旺盛，生活能力也很强，一般很少生病。但是，因受诸多因素的影响，蝎子发生疾病就在所难免。蝎子的常见疾病有以下7种。

1.黑肚病 黑肚病又称体腐病（图10.1）。

（1）病因：蝎子食用霉烂变质的食物或者饮用了污水。

（2）症状：患病早期，蝎子前腹部呈黑色，腹胀，活动减少，食欲减退。接着，病蝎前腹部出现黑色腐烂现象，用手轻按会有黑

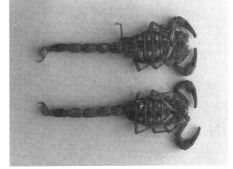

图10.1 黑肚病

色污秽黏液流出。蝎子病发后很快就会死亡。死蝎躯体松弛，组织液化。

（3）预防：该病的预防应做到以下3点。第一，保持饲料虫鲜活、用水清洁；第二，及时清除蝎池中饲料虫残骸，以消除污染源；第三，发现病蝎，立即翻垛、清池，拣出病蝎，并对蝎池全面喷洒0.1％的来苏儿溶液进行消毒。对病死的蝎子要焚毁尸体，防止病菌感染蝎群。

2.斑霉病（图10.2）

（1）病因：蝎子栖息环境过于潮湿，且气温较高，使真菌在蝎体上寄生感染而致病。尤其在阴雨时节，饲料虫过剩会发生霉变，容易使真菌大量繁殖。

图10.2　斑霉病

（2）症状：病蝎的头胸部和前腹部出现黄褐色或红褐色小点状霉斑，并逐渐向四周扩散。患病初期病蝎表现极度不安，后期活动减少，呆滞、不食，几天后死亡。尸体内充满绿色霉状丝体集结而成的菌块。

（3）预防：

1）调节环境湿度，定期晾晒垛块，在垛体湿度不大的情况下，亦可用0.1%的来苏儿溶液喷洒消毒。

2）死亡的饲料虫要及时清理，防止饲料虫发生霉变。对病死蝎子要焚尸处理。

3.腹胀　腹胀又称大肚子病（图10.3）。

（1）病因：蝎子进食过量，由于环境温度偏低，造成消化不良。该病多发生在早春和晚秋低温时节。

图10.3　腹胀

（2）症状：肚大，腹部隆起，活动迟钝，不进食。发病半个月左右死亡。

（3）防治：早春、晚秋注意蝎窝的防寒保暖，保证蝎子消化能力正常。发现蝎子患此病，可在短时间内停止供食并加温，促使蝎子活动，以便使蝎子增强消化、吸收能力，加快对体内贮存的过量营养物质的消化吸收。

4.脱水 蝎子脱水分为慢性脱水和急性脱水（图10.4）。

（1）慢性脱水（枯尾病）：

1）病因：长时间缺食，生活环境长期干燥。

2）症状：发病初期，蝎子后腹部末端出现黄色干枯现象，并逐渐向前蔓延。当病状蔓延至尾根时，病蝎很快就会死亡。

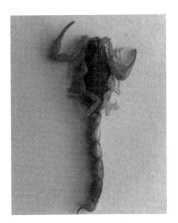

图10.4 脱水病

3）预防：经常供给足够数量含水量较高的鲜活饲料虫，把环境湿度控制在适宜范围内。

4）治疗：取一大塑料盆，盆内放养土若干，垒放砖或瓦片，养土和砖瓦的湿度可增大为20%左右。将病蝎放入盆中饲养，同时投以含水量高的鲜活饲料虫。养土和砖瓦保持湿润，既不能干燥，又不可出现明水。饲养半个月左右，病蝎体内水分就会得到补充，症状就会缓解。蝎子病愈后，再将其放回饲养池中饲养。

（2）急性脱水（麻痹症）：

1）病因：高温高湿突然来临，在热气蒸腾下造成蝎子麻痹瘫痪。

2）症状：初见蝎群躁动不安，继而病蝎出现肢体软化、尾部下拖、体色加深、功能丧失等麻痹瘫痪状况。该病病程极短，从蝎子发病到死亡一般不超过3小时。

3）预防：养殖时注意调控环境温度和湿度，防止40℃以上的烘干性温度和高湿同时出现。

4）治疗：发现此病症，立即通风换气，采取措施降低温度和湿度。同时将所有的蝎子捕出，采取紧急补水的方法给蝎子补水，具体方法是在35℃左右的温水中加入1%食盐和白糖喷洒在蝎体上。

5.流产（图10.5）

（1）病因：孕蝎受到惊吓、摔跌、挤压。

（2）症状：孕蝎慌乱不安，来回爬动，并产出早产仔蝎（大多难以成活）。

（3）预防：产室要保持安静，蝎子怀孕后期禁止惊扰。另外，最好让孕蝎在单产房中产仔。

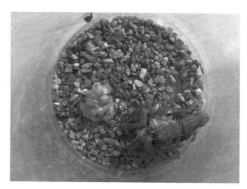

图10.5　流产

6.死胎（图10.6）

（1）病因：

1）妊娠中、后期生活环境长期干燥，且饲料虫含水量过低或因雌蝎衰老，组织器官功能退化，体液失调。

2）孕蝎受到机械性损伤或其他物理性伤害、化学性刺激。

（2）症状：孕蝎产下高粱米大小浅黄色颗粒。

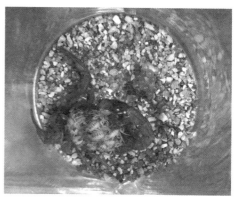

图10.6　死胎

（3）预防：死胎是蝎子繁殖期较常见的一种疾病，死胎的出现极大地降低了蝎子的繁殖率。预防时应避免使用衰老雌蝎做种蝎；同时，加强日常管护，避免种蝎受到意外伤害；最后，为妊娠期雌蝎创造适宜的生活环境，避免出现干燥、缺食现象。

7.蝎螨病　蝎螨病是严重危害蝎子的一种寄生虫病（图10.7）。本病由蝎螨（又称蝎虱）寄生引起。蝎螨成虫有针尖大小、白色，用普通放大镜即可看清，虫卵呈灰白色半透明圆形或椭圆形颗粒状。蝎螨喜高温怕低温、喜潮湿怕干燥，易在闷热多湿的环境中繁衍滋生。

在气温30～36℃、空气相对湿度85%左右环境中，每只雌成虫可产卵200多粒，经十几天就能从卵发育为成虫。在常温养蝎条件下，蝎螨病多发生于湿热的夏季，春季和中秋以后极少发病，冬季未见发生。

图10.7　蝎螨病

在人工养蝎条件下，环境高温高湿、蝎窝土污染、饲料虫如黄粉虫和地鳖带螨均易引起蝎房内螨虫滋生。

（1）症状：蝎螨常寄生于蝎的步足、前腹部两侧及后腹部的节间缝隙中，在寄生处形成面积不大的黄褐色斑。病蝎在早期表现不安，活动量增大，后期活动减少，行动迟缓，捕食困难，食欲减退，逐渐消瘦，日久则致死亡。

（2）防治：

1）合理控制蝎房内的湿度和温度，搞好环境卫生，及时清除死蝎、死虫及其他垃圾，避免蝎窝土污染（图10.8）。

2）每1~2周用0.1%～0.3%的高锰酸钾溶液对食盘、饮水器具浸泡消毒一次。地鳖、黄粉虫等易携带螨虫，故它们的养殖环境也要做好防螨、灭螨工作，尽可能杜绝蝎房内发生虫源性螨虫传播。

图10.8　定期给蝎窝消毒

3）发现蝎子感染蝎螨后，及时通风降温、降湿，使蝎窝内干燥一点。及时拣出病蝎，实行隔离治疗。

4）用3%氯化钠溶液或天然、高效、低毒、低残留的蜜蜂用杀螨剂喷雾，杀灭蝎螨成虫和虫卵。蜜蜂用杀螨剂有多种型号的制剂可供选用，最常用的为杀螨剂一号，临用前取1支加水稀释至500毫升喷雾。利用杀螨剂对病蝎除螨时，喷雾器要保证雾化良好，分别对着病蝎的腹部、背部各喷一下，每3天喷一次，然后把蝎子放进无螨虫污染的新的饲养瓶中。一般连喷3～4次可彻底清除蝎螨。用于喷洒蝎池、垛体时，使物体表面有一层极细的雾滴即可。

5）利用淡漂白粉液（有效氯含量≤250毫克/升，不应有明显的氯气气味）对环境进行喷雾，也有很好的消毒、杀螨作用。

6）用土霉素0.5克或复方新诺明0.5克，溶于水后拌入500克麸皮中饲喂病蝎，至痊愈为止。

总之，从上面几种疾病的病因可以看出，蝎子各种疾病的发生均是由生活环境不适宜所致。适宜的生态环境必定会避免各种疾病的发生。所以，预防蝎子发生疾病的科学而有效的途径就是改善蝎子的生态环境。

（二）蝎子的天敌及防御

无冬眠养殖的蝎子较为集中，受天敌侵害的机会较大。蝎子的天敌主要有壁虎、老鼠、蚂蚁、黄鼠狼、家禽、飞鸟、蛇、蛙等（图10.9）。

1.壁虎 壁虎指（趾）端有盘状指（趾）垫，能在光滑的物体上爬行。它行动敏捷，舌宽，能伸出捕食，善钻隙，不容易被人们发现。壁虎抗毒，不惧蝎子蜇刺。它主要危害幼蝎。

预防壁虎的危害，应以人工捕捉为主。另外，要经常检查

图10.9　蝎子的天敌

室内墙壁，发现孔洞及时堵塞，防止壁虎入室。在蝎池上方罩以窗纱也是有效的方法。

2.老鼠 老鼠善爬高，能打洞，它不但危害蝎子和蝎子的饲料虫，而且破坏养蝎设施。

鼠害防御要做到经常打扫垃圾等杂物，消除老鼠的藏身之地；饲养室及蝎池内打水泥地板或铺砖，以防老鼠打洞入内。发现老鼠，可采用药物（灭鼠药）、器械（鼠夹、电子捕器、捕鼠笼等）、人工捕杀等手段加以消灭。

3.蚂蚁 蚂蚁不仅抢食蝎子的饲料虫，而且会群集攻击、蚕食蝎子，对幼蝎和正在蜕皮及刚蜕完皮未恢复活动能力的蝎子危害较大。

由于湿度适宜，蚂蚁在温室内繁殖很快。所以，要特别注意从以下几个方面预防蚁害：第一，建养蝎池以前，地面土层要夯实，防止蚂蚁打穴进入；第二，蝎池所用的养土要检查有无蚂蚁和蚁卵；第三，蝎子入池前，用磷化铝片熏蒸蝎池（要做好个人防护，避免吸入中毒），可预防蚁害发生。

饲养室或饲养池内出现蚁群，可采用下列措施进行处理：一是找到蚁穴，夯实穴口及其周围；二是用肉类、骨类或馒头块作诱饵，将蚂蚁诱聚其上，取出用火烧、开水烫等办法进行处理；三是将灭蚁药粉撒在蝎池四周，可在较长时间内收到防蚁效果，并可将蚂蚁毒死。灭蚁药可以自己制作，配方如下：萘（卫生球）粉50克、植物油50克、锯末250克，混合拌匀即成。

4.其他天敌 除了壁虎、老鼠、蚂蚁外，黄鼠狼和家禽、飞鸟、蛇、蛙对蝎子的侵害也会时常发生。要时刻防备它们进入饲养区，一经发现要立即驱除。同时，要因地制宜搞一些防御设施。

十一、　蝎毒素

（一）蝎毒素的提取和加工

蝎子的药理功能主要依赖于蝎毒素。蝎毒素对人类神经系统、心血管系统及能量代谢方面均具有广泛的药理作用，对肿瘤、疼痛、血栓等严重危害人类健康的疾病有特殊疗效。我国相关学者的研究已证明蝎毒素中的抗癫痫肽有抗惊厥作用。国外也开始用蝎毒素治疗肿瘤和心脏病等疾患。

成年活蝎在受到激惹的情况下，出于防御或攻击的本能，会从毒囊中排出毒液（图11.1）。蝎毒素的提取就是依据这个原理进行的。目前，人工采集蝎毒素常用的方法有两种，即人工刺激法和电刺激法。

图 11.1　蝎子释放毒素

1.人工刺激法　用一个夹子夹住蝎子后腹部第5节处，用细棒状工具轻轻碰撞它的头胸部或前腹部，毒针末端便会有毒液排出。也可用两个夹子进行采集，一个夹子夹住蝎子后腹部第5节，另一个夹子夹住一个触肢，蝎子即会排毒。

用人工刺激法获得的毒液清澈透明，但采毒量较少。

2.电刺激法　电刺激法取毒是用高频弱电流刺激蝎子尾节，使蝎子毒囊腺体肌肉收缩，促其排毒。采毒的仪器采用药理生理实验多用仪的连续感应电刺激挡，调频128赫兹，电压6~8伏。用一个电极夹住蝎子的一个触肢，再用一个金属夹夹在蝎子后腹部第5节处，用另一个电极不断接触金属夹，便有毒液排出。若无反应，可在电极与蝎体接触的部位滴几滴生理盐水（图11.2）。

图 11.2　电刺激蝎毒素提取法

电刺激法取出的毒液先后不同，第一滴毒液清澈透明，然后是乳白色，最后排出的毒液黏度较大。用该法取毒，单蝎排毒量较大。雌蝎一次可取2.5毫克左右，雄蝎一次可取2毫克左右。

蝎子的排毒量还与环境温度有关。当环境温度高时，蝎子机体处于兴奋状态，排毒量相应增大，反之则小。

为了保存、运输和使用方便，所提取的湿毒可在低温、真空、干燥的环境中加工成冷冻干粉。毒粉在干燥、避光、低温（4℃以下）条件下贮存，其品质可保持5年不变（图11.3）。

图 11.3　蝎毒素批量保存

目前，蝎毒素的应用尚处于研究开发阶段。由于蝎毒素具有广泛、显著的药理作用，随着研究的深入，蝎毒素必将在人类防治疾病方面发挥重要的作用。

（二）人工养蝎日常防护与蜇伤处理

饲养人员是与蝎子打交道最多的人，必须学会自我保护，以减少或避免被蝎子蜇伤或其他途径中毒的可能。自我保护包括两个方面，即思想防护和行为保护。

树立防毒意识，首先，饲养人员要对毒蝎伤人的可能性在思想上有一个正确的认识，既不能麻痹大意，持无所谓的态度，也不必过分恐惧，胆小畏缩。其次，饲养人员必须对所养殖的蝎子的毒性大小及行为特性有一个基本的了解，弄清楚蝎毒素的危害程度及蝎子的施毒方式，并摸准蝎子在什么情况下容易发出攻击。严格遵守养蝎场的各项操作规程及卫生、安全制度。

所谓行为保护，即指饲养管理人员在具体的各个饲养操作环节中，尽量做到行为规范化，避免因自身的行为动作不当，被蜇中毒。

饲养人员每次在进入蝎子养殖场时，就应仔细观察行走的路上、墙壁上、门窗上、养殖池外、池壁上以及各种饲养用具上，是否有外逃的蝎子。接近蝎群时，尽量减少对它们的刺激，并减少用手及身体其他部位触及或过分接近蝎子的尾部。另外注意对工作服、鞋、手套以及其他一些养蝎用具进行去毒处理，以防手套带毒后被手及其他部位接触，尤其是被伤口接触。同时必须强调的是，非饲养人员一般不得进入蝎子养殖区，尤其不能动手逗引蝎群。各类有可能接触毒蝎的人员进入养蝎区，都要进行必要的防护。

在饲养管理及收捕加工过程中，要注意配备相应的保护设施。第一，在蝎舍、蝎池或养蝎场等的建筑时就应考虑到防止蝎子外逃、方便饲养人员操作等因素，以避免饲养人员因饲养设施不科学而不得不冒被蜇的危险。第二，要配备必要的防护用具，如长袖工作服、长管裤、长筒袜、套鞋，或不戴网洞的鞋、手套等。第三，配备各种必要的远距离操作物品，如长把扫帚，用以清扫及收捕；镊子，用于代手抓蝎子；准备盖上有气孔的盛装容器，用以转移、运输毒蝎等。第四，其他各种可以防止蝎子侵犯饲养者的保护设施。

尽管措施严密，仍然难保不发生被毒蝎蜇伤中毒的情况，尤其在室外场地养殖蝎子的情况下，更容易发生这类事情。遇到这种情况，应采取急救措施，使被蜇者免受中毒后的痛苦（图11.4）。由于被蜇者开始只能感觉到区域性疼痛，并不能感觉具体的疼痛位点，因此急救的第一步就是立即准确找到被蜇伤的位置，然后拔出蝎子留在其中的尾刺，再挤出毒液，防止继续扩散。这一切做完以后，即开始对患部采取药物涂敷、拔毒止痛等措施缓解症状。必要时立刻送医院处理。

根据现有的资料介绍，被蝎子蜇伤时可用下列简易方法先行紧急处理：将蜗牛捣碎，将其汁液涂于伤处；用冰水、冰块等涂擦伤口也能迅速止痛；用1：5

拔出尾针

吸出毒液

清洗伤口

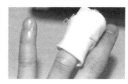
包扎伤口

图11.4　蝎子蜇伤后处理

000高锰酸钾溶液清洗患部，可消除剩余毒汁；缚住伤口靠近内脏一端，切开伤口吸出毒液；用食盐饱和溶液滴入伤口，尤其用饱和盐水滴入眼中，刺激结膜对蝎毒素治疗有奇效。

采用这些简单易行的措施处理之后最好还要将伤者送医院进一步治疗。医院可采用如下药物治疗：伤口皮下注射用酒精稀释的普鲁卡因2毫升，可以止痛解毒；在伤口皮下注射吐根碱(3%)1毫升，或麻黄素注射液（1：1 000）0.5毫升，可消除中毒症状；用中药解毒药敷涂伤口，效果不错，如南通蛇药、万应锭、二味拔毒散等；中药口服疗法，可用金银花30克，半边莲9克，土茯苓15 克，绿豆15克，甘草9克，水煎服，每天2次，有中和毒性和解除蝎毒素作用；还可用五灵脂9克，蒲黄9克，雄黄3克研磨成粉，用醋冲服，每天3次，有解毒和抗毒作用；静脉滴注5%的葡萄糖盐水或生理盐水2 000~3 000毫升，促进排毒，并纠正体内水分及电解质平衡；用3%氨水或5%碳酸氢钠，外涂患处，或用0.25%普鲁卡因局部封闭，可止痛并防止毒素扩散；对出现全身症状者，静脉注射10%葡萄糖酸钙10毫升，肌内注射1~2毫克阿托品；静脉滴注可的松100毫克（加入5%葡萄糖溶液中），同时注入抗组胺药物，防治低血糖、肺水肿；对特别严重者，采用血清治疗。用抗蝎毒素血清、蝎毒素抗毒素、蛇毒血清解毒等进行肌内注射。

十二、 蝎子的加工

（一）药用成品蝎子的加工

药用成品蝎，指经过工艺流程加工而成的药用全蝎。药用成品蝎

有淡全蝎和咸全蝎两种。药
用成品蝎的加工对象为交配
过的雄蝎和繁殖3年以上的雌
蝎，以及残肢、瘦弱和正常
死亡的成年蝎子。加工常用
的工具有锅、盆、笊篱、竹
席等（图12.1）。

可以作为加工对象的蝎
子，发现后要及时采收，及
时加工。尤其是死蝎，更应
该及时采收、加工，以免其

图 12.1 药用全蝎加工工具
A.锅 B.盘 C.笊篱 D.竹席

内脏腐烂变质或因风干而使体重减轻（图12.2）。

图 12.2 药用全蝎加工

1.**淡全蝎的加工**   淡全蝎又叫清水蝎（图12.3）。加工前，把采收到的蝎子放入清水中浸泡1小时左右。同时，轻轻搅动，洗掉蝎子身上的污物，并使蝎子排出粪便。捞出后放入沸水中用旺火煮15分钟左右。锅内的水以浸没蝎子为宜。出锅后，放在席上或盆内晾干（晒干亦可）。应注意的是，煮蝎子的时间不可过长，以免破坏蝎体的有效药用成分。

2.**咸全蝎的加工**   咸全蝎又叫盐水蝎（图12.4）。咸全蝎的加工方法和淡全蝎的加工方法大同小异。区别在于先将水烧开，然后加适量的食盐（每千克蝎子放盐0.3千克），待盐溶解后再放入蝎子。咸全蝎只能晾干，不可晒干。因为晒干的咸全蝎表面会结一层盐霜，且质脆易碎。淡全蝎和咸全蝎各有优缺点，二者的比较见表12.1。

图12.3   淡全蝎

图12.4   咸全蝎

表12.1   淡全蝎与咸全蝎的优、缺点比较

加工类别	优点	缺点
淡全蝎	不返卤	易遭虫蛀，干蝎碰压易碎
咸全蝎	耐存放，不易遭虫蛀	夏季易返卤

注：返卤——浸入蝎体内的氯化钠重新结晶出来。

优质药用成品蝎应具备以下几点要求：虫体干，颜色正；虫体完整，不缺肢断尾，无碎屑；不返卤；无盐粒、泥沙等杂质；大小分离，不混杂（图12.5）。

制成的药用成品蝎，切不可放在阳光下暴晒。否则，虫体变

图12.5   优质药用成品蝎

脆，遇碰压易碎，会影响成品质量。

保存成品蝎，需用木箱或纸箱盛装。箱内衬防潮油纸，置于干爽、阴凉、通风之处，并要定期检查，防鼠害。装运忌用塑料袋包装。

（二）蝎子食用品的加工

蝎子可以加工成美味食品。这类食品有良好的保健作用，对半身不遂及食管癌、肝癌有一定的疗效。用全蝎制作的菜肴为一大名菜，深受人们的欢迎。下面介绍几种蝎子食用品的加工方法。

图 12.6　醉全蝎

1.**蝎酒**　取鲜活蝎子25克，用清水洗净，放入500克白酒中，密封浸泡1个月左右即可饮用。蝎酒具有熄风止痉、通经活络、攻毒散结等功效。蝎酒常饮有保健、抗癌作用。

2.**醉全蝎**　取鲜活蝎子适量，洗净，放入白酒中浸泡至蝎子麻醉，捞出食用（图12.6）。

3.**炸全蝎**　取鲜活蝎子适量，洗净，入油锅，亦可打芡后入油锅。炸至焦黄色时捞出，拌入佐料即可食用，亦可拼盘（图12.7）。

4.**蝎子滋补汤**　取鲜活蝎子适量，洗净，文火炖汤，可加入适量山药、枸杞、木耳、香菇等（图12.8）。

图 12.7　炸全蝎　　　　　　　　图 12.8　蝎子滋补汤

<h1>十三、蝎子产品及其销售</h1>

（一）商品蝎子的采收

1.采收对象及其用途

（1）选种后淘汰生长发育差的7龄蝎子。这些蝎子可供食用、采取蝎毒素、制成药用全蝎（图13.1、图13.2）。

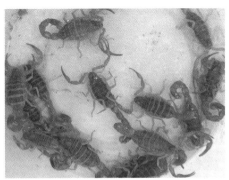

图 13.1　成年 7 龄蝎

（2）繁殖性能差的经产雌蝎，包括产仔数低于全场雌蝎的平均产仔水平、有严重的弃仔或食仔行为的雌蝎。凡符合这两条的蝎子，不论年龄大小均应及时淘汰。淘汰的蝎子供食用、采取蝎毒素、制成药用全蝎等。

（3）繁殖群中的病蝎可用于制成药用全蝎。刚死亡的蝎子也可收集起来及时加工成药用蝎，但其腹中的泥土和粪便不能排出，质较次。

（4）弱的种雄蝎和超过雄、雌蝎投放比例的多余种雄蝎，可供食用、采取蝎毒素、制成药用全蝎。

图 13.2　加工后一等药用全蝎

2.采收时间

（1）种雄蝎在交配后进行筛选，将已参加过两次交配、不再留作种用者及时淘汰。

（2）经产雌蝎在负仔期结束后将不宜继续用于繁殖者淘汰。常温养殖的经产雌蝎通常宜在立秋后的2～3周完成选留和淘汰工作。

（3）病蝎和未变质的死蝎随时采收。

（二）蝎子产品的种类

1.活蝎　活蝎（图13.3）包括供食用的商品蝎和种蝎。

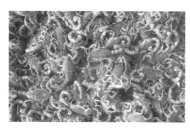

图 13.3　活蝎

（1）食用商品蝎：蝎体内的蝎毒素和蛇毒类似，含有一种具抗肿瘤、溶血栓、镇痛作用的蛋白质，另外还含有甜菜碱、牛磺酸、软脂酸、硬脂酸、卵磷脂等多种成分，有较高的药膳价值。健康的活蝎可作为高档食材售往高级宾馆、饭店等餐饮单位，供烹调制作高档的全蝎菜肴，也可用于生产其他保健性蝎食品、蝎饮料，如炸全蝎、醉全蝎、蝎酒、蝎子滋补汤等。

在烹调、加工前，需先把活蝎放入3%的盐水中浸泡1小时以上，水深以能漫过蝎子为度（每千克蝎子的盐水用量约2 500毫升，但实际用水量与盛水容器的形状有关），促其排出腹中的泥土、粪便后捞出，再用清水洗净。

（2）种蝎：为其他养蝎者提供种源（图13.4）。

图 13.4　种蝎

在温室中培育的种蝎，外销前必须让其经受适应性驯化，让其对自然气候条件具有一定抵抗力；否则，在运输途中就会产生应激，运抵目的地后很快发生问题，既给引种者造成经济损失，售种者也会遭受无法估量的声誉和信用度损失。

2.蝎毒素 蝎毒素供药用（图13.5）。采毒方法详见本书十一（一）蝎毒素的提取和加工。

图13.5 成品蝎毒素

3.药用全蝎 药用全蝎即中药材中的蝎子，依加工方法的不同有淡全蝎（清水蝎，一般1千克活蝎可获得300～350克干燥的成品蝎）和咸全蝎之分（图13.6）。药用全蝎的加工方法详见本书十二（一）药用成品蝎子的加工。

A   B

图 13.6 淡全蝎和咸全蝎对比图
A.淡全蝎 B.咸全蝎

药用全蝎三点说明：

（1）淡全蝎和咸全蝎在干燥前都需煮沸，洗净的蝎子在水烧开后入锅，煮沸的时间10分钟即可，最长不宜超过20分钟；否则，随着煮沸时间的延长，会导致有效成分流失。若煮沸30分钟以上，则会使有效成分全部遭到破坏。

（2）咸全蝎因含有不定量的盐，有效成分虽未流失，但这些盐分的含量与药材重量之比难以掌握，故疗效不太稳定，且易返潮。淡全蝎入药的效果好，但需长期保存者，通常须在妥善包装后低温保存。

（3）干品全蝎在出售前要剔除肢体不完整的残次品，将合格者按大小、色泽进行分级，用防潮的硫酸纸（植物羊皮纸）包装成500克的小包。干品全蝎要尽快销售。暂不出售者，要放入干燥的缸内加盖收藏，贮存于通风良好的凉、暗处。贮存期间，要做好"生物三防"，即防鼠咬、防虫蛀、防霉变。

（三）蝎子产品的销售

1.销售渠道　依蝎产品的类别寻找合适的销路。

2.营销方式　蝎产品目前仍属特需商品，并非人人必需的普通大众商品，即使专门经营中药材的药材公司对药用全蝎的收购量也不是无限的，而且对产品的质量和价格也有严格的要求，在市场容量更大的中药材交易市场上同样存在激烈的货源竞争（图13.7）。因此，在蝎产品营销方面，实现产品形式多样化或主打产品品牌化都有利于开

A

B

C

D

图13.7　药材市场亳州、安国、禹州等
A.亳州药材市场　B.禹州药材市场　C.安国药材市场　D.成都荷花池中药材市场

拓市场。但是，要想进入市场找到客户，则需要通过各种可以利用的方式和途径，如发布广告、打电话、由销售业务人员走访、托亲朋推荐、举办产品推介会和养蝎技术培训等进行宣传，使潜在的客户了解你的产品，这样才有机会发现有需求意向的客户。

在蝎产品销售的实践中，个人开辟市场，销售成本会高一些。如果能组织养蝎生产专业合作社，就可成立一个机构专门负责产品的销售，这样既能使养蝎者集中精力搞好养蝎，又有利于营销人员积累销售经验，使市场开辟变得越来越容易，也会相应地降低销售成本。此外，还可借鉴传统畜牧业中畜禽产品的某些销售方式，如像经销商专门从养殖户收购生猪或鸡蛋等销往市场那样购销蝎子；不过，增加销售环节也会遇到如何使利润能合理分配的问题。

除了按照传统的做法开辟市场以外，规模较大的养蝎场或养蝎合作社最好能实行订单经营，确保销售渠道畅通。

附录一 全蝎商品规格等级

1.范围

本标准规定了全蝎的商品规格等级。本标准适用于全蝎中药材生产，流通以及使用过程中的商品规格等级评价。

2.规范性引用文件

下列文件对于本文件的应用是必不可少的。凡是注日期的引用文件，仅所注日期的版本适用于本文件。凡是不注日期的引用文件，其最新版本（包括所有的修改单）适用于本文件。

《中华人民共和国药典》（2015年版），以下简称《药典》

《包装储运图示标志》（GB/T 191—2018）

《中药材仓储管理规范》（SB/T 11094—2014）

《中药材仓库技术规范》（SB/T 11095—2014）

《中药材生产质量管理规范》(试行)（国家药品监督管理局令第32号）

《中药材商品规格等级通则》（SB/T 11173—2016）

3.术语和定义

下列术语和定义适用于本文件。为了便于使用，以下重复列出了某些术语和定义。

全蝎：本品为钳蝎科动物东亚钳蝎的干燥体。春末至秋初捕捉，除去泥沙，置沸水或沸盐水中，煮至全身僵硬，捞出，置通风处，阴干。

全蝎规格：全蝎药材在流通过程中，用于区分不同交易品类的依据。

全蝎等级：在全蝎药材的各种规格下，用于区分全蝎品质的交易品种的依据。

清水蝎：全蝎除去泥沙，置沸水中，煮至全身僵硬，捞出，置通风处，阴干或晒干。

盐水蝎：全蝎除去泥沙，置沸盐水中，煮至全身僵硬，捞出，置通风处，阴干或晒干。

道地药材南全蝎：产于河南及其周边各地的全蝎。

道地药材东全蝎：产于山东及其周边各地的全蝎。

4.规格等级（附表1.1）

附表1.1 全蝎商品规格等级划分表

等级	性状描述	
	共同点	区别点
一等	干货。虫体干燥得当，干而不脆，个体大小均匀，虫体较完整，颜色纯正，气微腥，无异味。"淡全蝎"舌舔无盐味。"咸全蝎"无盐霜、无盐粒、无泥沙等杂质	体长大于5.5厘米，破碎的虫体比例不超过20%
二等		体长4.5~5.5厘米，破碎的虫体比例不超过50%
统货	干货。颜色纯正，气微腥，无异味。"淡全蝎"舌舔无盐味。"咸全蝎"无盐霜、无盐粒、无泥沙等杂质 个体大小不一，完整者体长大于4.5厘米，破碎的虫比例不超过50%	

通过查阅文献，全蝎商品分"咸全蝎"和"淡全蝎"两种规格，规格以下均为统货。通过市场调查，当前药材市场全蝎规格按照产地加工过程中用盐与否进行划分，有盐的为"咸全蝎"，无盐的为"淡全蝎"；还有的将"咸全蝎"用清水洗过称为"水洗全蝎"，价格介于二者之间。市场上的全蝎等级是根据完整程度、大小进行划分的，干货，完整、体长、体内杂质少的价格高。"淡全蝎"比"咸全蝎"价格高。

药典对"咸全蝎"的含盐量没有给予规定，只有《上海市中药饮片炮制规范》（2008年版）和《江西省中药饮片炮制规范》（2008年版）规定了含盐量不得过3.0%。而目前市场上"咸全蝎"占的比例较大。这是商家为了增重。实际用全蝎量大的企业用全蝎都要求是无盐的。而且临床要求"咸全蝎"用时要洗去盐分。现在冷冻技术和条件都比较成熟，全蝎在加工过程中完全不用加盐来防腐保存。大量的放在冷库保存，小量的放在冰柜保存，用时干燥，可长时间保存。因此，应该取消"咸全蝎"的规格。过去规格以下没有制定等级标准，是因为用量小，野生资源丰富，采收时只捕捉成年全蝎，商品中全蝎个体差异不大，因此《药典》标准全蝎体长完整者6厘米。但在市场调查和产地调查发现，体长达到6厘米的很少，多数为4.5~5.5厘米。这是过度捕捉造成的，结合生态保护，制定标准不应低于4.5厘米。若按照完整者6厘米，实际又很难达到。现在用量大增，野生资源锐减，收购价格较高，采收时无论大小全部捕捉，出现了商品中全蝎个体大小差异明显。因此，本标准除了传统的统货外，增加了一等、二等两个标准。从资源保护角度考虑应该禁止捕捉幼蝎。

市场另有公蝎，即从统货中挑选的雄性成年蝎，这是商家为了迎合传统的"形紧小者良"而分出的，但成年公蝎量小，因此在本标准不制定公蝎规格。在个别市场还见到一种被称为"藏全蝎"，据说来自西藏。个大，体长8~10厘米，体色、肢节数及形状均与东亚钳蝎一致，是不是另种有待鉴定。附图1.1~附图1.7为各等级和种类的全蝎。

附图 1.1　全蝎一等

附图 1.2　全蝎二等

附图 1.3　全蝎一等和全蝎二等

附图 1.4　全蝎统货(不分等级)

附图 1.5　咸全蝎 1（盐超标）　　　　附图 1.6　咸全蝎 2（盐超标）

附图 1.7　藏全蝎

5. 要求

应符合《中药材商品规格等级通则》（SB/T 11173—2016）中第7章项下相关规定。

6.原则

本次标准制定遵守以下三点原则：

（1）基于《药典》原则：制定商品规格等级的中药材是符合《药典》所规定的合格药材。

（2）市场第一原则：商品规格等级标准是在考察和参考市场现有中药材商品规格等级的基础上建立的，以市场为依据。

（3）简便实用原则：制定商品规格等级应充分考虑到中药材商品在市场流通过程中实用性问题，所采用标准鉴别的技术指标通常为传统性状鉴别，部分名贵中药材使用简单仪器进行鉴别。

附录二　　信息服务平台

　　中国蝎子产业网（www.xiezi360.com）是专业的网上蝎子交易平台，致力于为蝎子产业的商家和从业者提供专业的信息服务。平台内容丰富，可向用户提供最新的蝎子养殖技术、蝎子养殖视频、蝎子养殖设备、蝎子养殖模式、蝎子养殖行情、蝎子养殖基地加盟合作、蝎子养殖前景分析、蝎子养殖最新资讯、蝎子养殖方案、客源服务、货源服务、供求信息、价格信息、专家服务和宣传推广等内容（附图2.1）。

附图2.1　产业网模式